普通高等院校国际经济与贸易专业精品系列教材

国际投资学

主 编 王爱琴 袁庆远 孙凤兰
副主编 高 原 侯 蕾

北京理工大学出版社
BEIJING INSTITUTE OF TECHNOLOGY PRESS

内容简介

本书共包括十章内容，其中第一章到第三章主讲国际投资相关理论，包括国际投资概述、国际投资理论、国际投资环境；第四章到第八章主讲国际投资方式，包括国际直接投资、跨国公司、跨国银行、国际间接投资、国际灵活投资；第九章为国际投资风险管理；第十章为国际投资与中国。对近几年国际投资方面的最新研究成果进行了科学呈现，对国际投资学的基本内容进行了较为完整的论述。

本书具有完整的体系设置，在论述基本概念和基本理论的同时，也结合实例加以分析，增强了其实践性和指导性。除正文理论论述外，各章还设有"学习目标""导入案例""本章小结""本章思考题"等模块，并结合了相关案例，便于读者更好地学习。本书可作为普通高校国际经济与贸易相关专业的国际投资学课程教材，也可作为相关行业从业人员的参考书。

图书在版编目（CIP）数据

国际投资学 / 王爱琴，袁庆远，孙凤兰主编. —北京：北京理工大学出版社，2021.5
（2021.6 重印）

　ISBN 978-7-5682-9858-2

Ⅰ. ①国… Ⅱ. ①王… ②袁… ③孙… Ⅲ. ①国际投资—高等学校—教材 Ⅳ. ①F831.6

中国版本图书馆 CIP 数据核字（2021）第 095460 号

出版发行 / 北京理工大学出版社有限责任公司

社　　　址 / 北京市海淀区中关村南大街 5 号

邮　　　编 / 100081

电　　　话 / （010）68914775（总编室）

　　　　　　（010）82562903（教材售后服务热线）

　　　　　　（010）68948351（其他图书服务热线）

网　　　址 / http：//www. bitpress. com. cn

经　　　销 / 全国各地新华书店

印　　　刷 / 河北盛世彩捷印刷有限公司

开　　　本 / 787 毫米×1092 毫米　1/16

印　　　张 / 11.5

字　　　数 / 263 千字

版　　　次 / 2021 年 5 月第 1 版　2021 年 6 月第 2 次印刷

定　　　价 / 35.00 元

责任编辑 / 王晓莉

文案编辑 / 王晓莉

责任校对 / 刘亚男

责任印制 / 李志强

图书出现印装质量问题，请拨打售后服务热线，本社负责调换

前　言

　　"国际投资学"是高等学校国际经济与贸易专业的核心课程，主要包括国际投资理论、国际投资方式、国际投资管理三大部分内容。本教材在编写过程中结合近几年国际投资方面的最新研究成果，从国际投资理论、国际投资环境、国际直接投资、国际间接投资、国际灵活投资、国际投资风险等内容出发，结合实例和案例分析，对国际投资学的基本内容进行了全面、系统的论述。

　　与其他同类教材相比，本教材具有以下特点：

　　第一，结构完整。本教材共包括十章内容，其中第一章到第三章为国际投资理论部分，第四章到第八章为国际投资方式部分，第九章为国际投资风险管理，第十章为国际投资与中国。这四部分涵盖了国际投资学的基本内容，体系完整，结构合理，使学生一目了然。

　　第二，内容新颖。本教材在编写过程中，尽可能地加入最新的国际投资理论、国际投资实务知识，力求将最新的国际投资知识传达给学生，使学生在学习的同时开阔视野，为以后从事国际投资相关业务奠定了良好的基础。

　　第三，实践性强。本教材在对国际投资学的基本知识进行阐述的同时，注重与我国对外贸易的实践相结合，在每一个重要知识点后都配有近年来发生的国际投资相关案例。通过这些案例与教材知识点紧密结合，提高了学生的学习兴趣，增强了学生的实践操作能力，使学生达到事半功倍的学习效果。

　　本教材参加编写的人员分别为：泰山学院王爱琴（第三章、第九章），孙凤兰（第七章、第八章、第十章），高原（第一章、第二章），侯蕾（第五章、第六章）；山东科技大学袁庆远（第四章）。全书由泰山学院王爱琴、山东科技大学袁庆远总纂。

　　本教材的编写和出版得到了北京理工大学出版社的大力支持和热情帮助，在此表示衷心感谢！本书在编写过程中，参考了大量国内外专家、学者的研究成果，在此一并致谢！

　　受作者水平所限，书中难免有不足之处，敬请广大读者批评指正。

编　者

目 录

国际投资概述

（1）掌握国际投资的定义和分类。

（2）了解国际投资的发展历程。

（3）了解国际投资对各国经济的影响。

■■\ 导入案例 1-1 ----

中国投资有限责任公司多元化投资

中国投资有限责任公司（以下简称"中投公司"）成立于 2007 年 9 月 29 日，组建宗旨是实现国家外汇资金多元化投资，在可接受风险范围内实现股东权益最大化，以服务于国家宏观经济发展和深化金融体制改革的需要。中投公司下设三个子公司，分别是中投国际有限责任公司（以下简称"中投国际"）、中投海外直接投资有限责任公司（以下简称"中投海外"）和中央汇金投资有限责任公司（以下简称"中央汇金"）。现将中投公司部分业务介绍如下：

2015 年，中投海外直接投资有限责任公司、招商局国际有限公司及中远太平洋有限公司通过其共同成立的特殊目的公司收购土耳其第三大集装箱码头 Kumport 约 65% 的股份。

2016 年，中投海外联合澳大利亚未来基金（AFF）、澳大利亚昆士兰投资公司（QIC）、美国全球基础设施合伙公司（GIP）、加拿大安大略省市政雇员退休基金（OMERS）等投资伙伴收购澳大利亚墨尔本港 50 年租赁权。

2017 年，中投海外联合麦格理基础设施和实物资产投资基金（MIRA），安联集团旗下投资公司 Allianz Capital Partners GmbH，卡塔尔投资局（QIA），英国的资产管理公司 Hermes Investment Management、Dalmore Capital 及 Amber Infrastructure 完成了对英国国家电网配气管道资产 61% 的股权收购。同年，中投海外联合布鲁克菲尔德（Brookfield）等机构投资者从巴西石油公司（Petrobras）手中收购了巴西东南部天然气管道公司 Nova Transportadora do Sudeste S. A.（NTS）90% 的股权。

资料来源：中国投资有限责任公司官网（http：//www. china-inv. cn/）

◢◣＼ **导入案例1-2** ＿＿＿＿

莫桑比克赞比西亚省召开首届国际投资促进会

为促进莫赞比西省投资，关注莫库巴特别经济区、工业自由区工业化和营运，2020年11月26日至27日，该省与莫投资和出口促进局（APIEX）、赞比西亚淡水河谷管理局（AdZ）、国家旅游局、莫经济协会联合会（CTA）共同举办了第一届国际投资促进会。会议采用线上、线下（莫库巴）两种形式举行。会议主题为"工业化是赞比西亚省经济社会发展驱动力"。莫总理多罗萨里奥、工贸部长、赞比西亚省省长、国际组织代表、国内外企业代表等300余人参会。驻莫使馆经商参赞刘晓光参加线上会议。

莫总理多罗萨里奥出席开幕式并致辞。他表示，赞比西亚具有丰富的自然资源，包括耕地、河流、矿产、野生动植物资源、温泉水、广阔的海洋和绵长的海岸等，政府希望将赞省的自然资源转化为商机，鼓励私营部门建立国内外合作伙伴关系，大力发展农业、加工业，促进工业化进程，将工业化作为赞比西亚的发展推动力，创造更多收入和就业机会。

多罗萨里奥还在大会上强调，发展工业化需要加强水电、物流、信息、交通道路等基础设施建设，改善营商环境，吸引国内外企业投资。赞省需要投资的几个重点项目有：马库赛（Macuse）深水港、谢蒂马—马库赛铁路（Chitima-Macuse）、穆热巴（Mugeba）水坝、莫库巴（Mocuba）干港、莫库巴经济特区和工业免税区、谢雷（Chire）水泥厂，以及扩大国家电网，硬化柏油马路，加大农业、加工业投资，促进经济多元化发展。

莫工贸部长、APIEX代表向与会者介绍了投资优惠及减免税政策，莫央行负责人介绍了贷款优惠措施。赞省长介绍该省吸引投资的相关措施和政策，并表示除了促进农业、加工业等工业化发展，还希望加强旅游业、服务业发展，创造更多就业机会。莫库巴区行政长官表示，参加此次会议的目的是寻求重启莫库巴纺织工业园区的契机，以促进当地和赞省的经济发展。该项目在20世纪80年代备受时任总统萨莫拉·马歇尔的关注，曾一度有望建成非洲最大的纺织工厂，但1992年莫内战结束后该项目停滞。谢蒂马—马库赛铁路和马库赛港口综合体项目承包方泰国莫桑比克物流公司（TML）董事长奥兰多·马克斯在会上承诺，该项目将于2021年开始建设，2023年完工，2024年开始运营，预算超过32亿美元。

赞省是莫桑比克人口第二大省，有500多万居民，760万公顷耕地，但只有250万公顷被开发。虽然资源丰富，但该省国内生产总值只占全国的10%至11%，而1973年曾占30%至35%。

资料来源：莫桑比克赞比西亚省召开首届国际投资促进会［EB/OL］.（2020-11-30）［2021-01-05］. http：//www. mofcom. gov. cn/article/i/jyjl/k/202011/20201103019177. shtml

第一节　国际投资的内涵

一、国际投资的概念

投资指的是经济主体为获得经济效益而垫付货币或其他资源用于某项事业的经济活动。

国际投资是指一国的投资者对他国的经营活动进行跨国界投资，以求获得较国内更高的投资收益的经济行为。国际投资是与国内投资相对应的，是国际货币资本及国际产业资本跨国运动的一种形式，是将资本从一个国家或地区投向他国或境外某地区的经济活动。

二、国际投资的分类

国际投资可以按照不同的标准予以分类。

（一）按照资本来源和用途分类

按照资本来源和用途，可分为国际公共投资和国际私人投资。

国际公共投资（International Public Investment）的资本来自政府或国际组织，投资领域往往涉及公共利益，带有一定的援助性质。例如，亚投行（全称"亚洲基础设施投资银行"）作为由中国提出创建的区域性金融机构，主要业务是援助亚太地区国家的基础设施建设。它成立的主要目的不是营利，而是支持亚洲国家的建设。在全面投入运营后，亚投行将通过不同方式为亚洲各国的基础设施项目提供融资支持，包括贷款、股权投资以及提供担保等，以振兴包括交通、能源、电信、农业和城市发展在内的各个行业投资，帮助当地政府修建基础设施，支持当地的发展。

国际私人投资（International Private Investment）的资本来源通常是企业，是指私人或私人企业以营利为目的而进行的投资，其投资领域非常广泛。私人投资是国际投资中的主要部分。例如，2018年7月，特斯拉确定于中国建立超级工厂，10月17日，特斯拉在上海成立的新公司以9.73亿元人民币摘得上海临港装备工业区1 297亩（1亩≈666.67平方米）工业用地，折合每平方米均价1 125元。这是首个外国汽车制造商在中国独资建厂。该工厂初期规划是3 000辆/周的产能，只生产Model 3和Model Y。最终要分阶段达到25万辆/年、50万辆/年，预计3年达到最终目标。该项目总投资高达500亿元人民币，一期投资160亿元人民币。

◢◣ 导入案例1-3

亚投行批准向印尼提供10亿美元贷款用于应对新冠肺炎疫情

2020年6月，亚洲基础设施投资银行（亚投行）已批准向印度尼西亚的两个项目提供总计10亿美元的贷款，第一部分7.5亿美元由亚投行和亚洲开发银行共同提供，将用于加强对印尼企业的经济援助，帮助贫困家庭以及改善印尼的医疗健康体系；第二部分2.5亿美元将用于进一步加强印尼政府的医疗紧急应对能力，包括对新冠肺炎的检测、监控、预防和治疗。

资料来源：https：//www.yicai.com/news/100677260.html

（二）按照投资期限分类

按照投资期限，可分为短期投资和长期投资。

长期国际投资（Long-term Investment），指期限在 1 年以上的国际投资，包括 1 年以上的国际直接投资、国际证券投资和国际贷款。投资者在国外兴建企业所投入的资本，一般属于长期投资。如果投资者用于购买股票、债券等国外证券，对于证券发行者而言属于长期投资。

短期国际投资（Short-term Investment），指期限在 1 年以内的国际投资，包括短期国际银行信贷和短期国际债券投资。如果国外证券购买者在短期内将证券转手出售，则属于短期投资。短期投资也包括 1 年以内的短期贷款。

（三）按照投资资本性质分类

按照投资资本性质，可分为国际直接投资和国际间接投资。

国际直接投资（Foreign Direct Investment，FDI），也称外商直接投资，指投资者到国外直接开办工矿企业或经营其他企业，即将其资本直接投放到生产经营中的经济活动。其特征是投资者拥有对企业的经营管理权和控制权。近年来，国际直接投资的规模和比重不断增加，形式也呈现出多样化的趋势。

国际间接投资（Foreign Indirect Investment，FII），指投资主体仅以获取资本增值或实施对外援助与开发，而不以控制经营权为目的的投资行为，包括国际信贷投资和国际证券投资。国际信贷投资是指由一国政府、银行或国际金融组织向第三国政府、银行及其他自然人或法人提供借贷资金，后者要按约定时间还本付息的一种资金运动形式或投资形式。国际证券投资是指在国际证券市场上通过购买外国企业发行的股票和外国企业或政府发行的债券等有价证券，来获取利息或红利的投资行为。

国际机构、各国政府和国际投资界普遍认为，国际直接投资和国际间接投资的根本区别在于投资者是否获得被投资企业的有效控制权。

▰▰▰\ **导入案例 1-4** ----

特斯拉在中国的发展

特斯拉成立于 2003 年，致力于生产、销售高端电动汽车，打造了世界上首辆使用锂离子电池为驱动能量的纯电动汽车。经过五年的研发，2008 年 2 月，特斯拉第一个纯电动汽车车型 Tesla Roadster 下线交付，之后又陆续推出了 Model S、Model X 和 Model 3 等车型，均在全球新能源汽车市场上收获了不错的反响。目前，特斯拉的主要销售地区包括北美、欧洲和亚太地区。

2013 年，中国正处于对新能源汽车积极推广的时期，新能源汽车在中国是具有极大潜力的朝阳产业，特斯拉汽车抓住这个优越的市场机遇进军中国，以扩大特斯拉的海外销售市场。在 2013 年年底，特斯拉在北京开设了第一家 4S 店，以 Model S 为主要车型进行销售。2014 年 4 月，特斯拉将 Model S 交到了中国第一批客户的手中，其中包括 8 位企业领袖，从此开启了特斯拉进军中国的征程。

据中国汽车工业协会的统计，2017 年中国新能源乘用车销量为 57.9 万辆，占全球销量的 46% 以上。扩大特斯拉相关车型在中国这个全球最大的新能源汽车消费市场的份额，对于马斯克来说是巨大的诱惑。这种诱惑与中国新能源车市场的快速发展密不可分。

2018 年 4 月博鳌亚洲论坛召开期间，中国再次明确将大幅放宽市场准入，尽快放宽外资股比限制，特别是汽车行业外资限制。随后，国家发改委明确表示，汽车行业将分类型实行过渡期开放，2018 年取消专用车、新能源汽车外资股比限制；2020 年取消商用车外资股比限制；2022 年取消乘用车外资股比限制，同时取消合资企业不超过两家的限制。通过 5 年过渡期，汽车行业将全部取消限制。也是在 2018 年，我国取消了新能源汽车外资股比的限制，这使特斯拉以外资独资身份进入中国成为可能。

2018 年 7 月 10 日，上海官方发布消息称，上海市政府和美国特斯拉公司签署合作备忘录，规划年产 50 万辆纯电动整车的特斯拉超级工厂正式落户上海临港地区，这是上海有史以来最大的外资制造业项目，也是特斯拉在美国之外唯一一个集研发、制造、销售等功能于一体的超级工厂。

特斯拉上海工厂是我国第一个，也是目前唯一的外资独资汽车企业。特斯拉中国超级工厂位于上海临港自贸区，占地面积 86 万平方米。工厂于 2019 年年初开工建设，目标产能 50 万台，预计 2~3 年达产。2020 年逐步建成冲压、焊接、喷涂和总装四大工艺，进入独立生产和产能爬坡阶段。

资料来源：鹿文亮. 特斯拉落户中国 [J]. 中国工业和信息化，2019 (6).

第二节 国际投资的产生与发展

国际投资是商品经济发展到一定阶段后，生产的社会分工国际化的产物。国际投资的起源可追溯到 19 世纪上半叶已基本完成的英国工业革命。一方面，英国的工业革命形成了国内相对过剩的资本；另一方面，工业革命引起其他国家对原材料及食品等的迫切需求，为满足此需求英国大举对外投资。

按照国际投资的规模及方式，通常把国际投资的发展历程划分为以下几个阶段。

一、初始形成阶段（1870—1914 年）

这一时期，以电力革命为标志的第二次科技革命出现后，生产力得到快速发展，国际分工体系和国际垄断组织开始形成，银行资本和产业资本相互渗透融合，从而形成了巨大的金融资本，为资本输出提供了条件，以资本输出为特征的国际投资也随之形成。

这一时期的国际投资表现出如下特点：①从投资规模来看，整个 19 世纪的国际投资规模不大，投资形式以私人投资为主；②从投资形式来看，这一时期的国际直接投资只占 10% 左右，国际间接投资是当时的主要投资形式；③投资的主要流向是由英国、法国和德国流向其殖民地国家，目的是寻找有利的投资场所以获得超额利润。

二、低迷徘徊阶段（1914—1945 年）

这一时期处于两次世界大战之间。由于两次世界大战和 20 世纪 30 年代的大危机，资本主义国家不同程度地受到了战争的破坏，资金极度短缺，市场萎缩，国际投资活动也因此处于低迷徘徊之中。

这一时期国际投资活动的基本特点可概括为：

（1）国际投资不甚活跃，规模较小，增长缓慢。在 1929—1933 年世界经济大危机期间，主要工业国的工业总产量下降了 17%，世界贸易额下降了 25%。就在这场大萧条尚未完全渡过难关之际，第二次世界大战爆发，国际投资受到了严重影响，发展十分低迷。到 1945 年战争结束时，主要国家的对外投资总额已经下降为 380 亿美元。

（2）投资方式仍以间接投资为主，如 1920 年美国的私人海外投资中有 60% 为证券投资，英国 1930 年的对外投资中有 88% 为间接投资，而西方国家的海外直接投资在这一阶段的年增长率不足 1%。

（3）主要投资国地位发生变化，美国取代英国成为最大的对外投资国。第一次世界大战后，美国摇身从一个国际净债务国变成最大的债权国。

三、恢复增长阶段（1946—1979 年）

这一阶段是国际投资恢复增长的阶段。第二次世界大战后，美国实力迅速增强，与之对比的是其他国家经济遭受重创。1947 年，美国推出了著名的"马歇尔计划"，大规模的对外投资活动拉开了序幕。同时，战后世界政治局势相对平稳，以及第三次工业革命的兴起，使国际投资活动迅速恢复并快速增长。

根据"马歇尔计划"，美国对外贷款与赠与（军事援助除外）总额达 840 亿美元，遥遥领先于其他国家，因此这个时期也是美国在国际投资舞台上一枝独秀的时期。

这一时期国际投资活动的基本特点可概括为：

（1）国际投资迅速恢复并增长，投资规模迅速扩大，如发达资本主义国家的对外投资总额由 1945 年的 510 亿美元增长到 1978 年的 6 000 亿美元。

（2）对外投资方式由以间接投资为主转变为以直接投资为主。国际直接投资总额从 1945 年的 200 亿美元增至 1978 年的 3 693 亿美元，占国际投资总额的比值由 39.2% 上升到 61.6%。

（3）美国对外投资霸主地位确立。截至 1960 年年底，美国、英国、法国、原联邦德国和日本的对外投资累计额分别为 662 亿美元、220 亿美元、115 亿美元、31 亿美元、5 亿美元；到 1970 年年底，美国、英国、法国、原联邦德国和日本的对外投资累计额分别为 1 486 亿美元、490 亿美元、200 亿美元、190 亿美元、36 亿美元。

（4）一些发展中国家逐步走上对外投资舞台，印度、韩国、新加坡、巴西、墨西哥、阿根廷及中东一些国家和地区开始了对外投资，我国香港、台湾地区也开始对外投资。到 1969 年，发展中国家或地区的跨国公司达到 1 100 个。

四、迅猛发展阶段（1980 年以后）

进入 20 世纪 80 年代，随着经济的发展和生产国际化程度的进一步提高，国际投资规模超过了以往任何一个时期，进入迅猛发展的阶段。

（一）投资规模：国际直接投资规模迅速扩大

在科技进步、金融创新、投资自由化和跨国公司全球化等多种因素的共同作用下，国际投资蓬勃发展，成为世界经济的活跃角色，具体走势与增长如图 1-1 和图 1-2 所示。

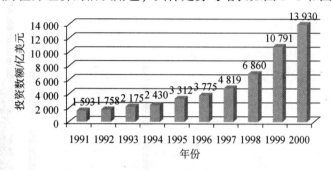

图 1-1　1991—2000 年全球对外直接投资走势

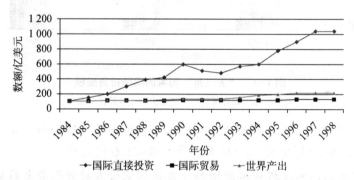

图 1-2　1984—1998 年国际直接投资、国际贸易和世界产出的增长

资料来源：联合国贸发会议 2003 年世界投资报告

图 1-1 反映出这个时期全球的对外直接投资呈现迅速增长的态势；图 1-2 反映了这个时期国际直接投资增长率大大超过了同期的国际贸易和世界产出增长率，成为国际经济联系中更主要的载体。

（二）投资格局

1. "大三角"国家对外投资集聚化

（1）第二次世界大战后到 2000 年，从国际投资绝对量上看，美国凭借其雄厚的政治经济实力处于主导地位。

（2）第二次世界大战后日本经济发展迅速，加速了对外投资的步伐。日本的对外直接投资从 1980 年的 365.2 亿美元增加到 1986 年的 8 390 亿美元，增长了 20 多倍。到 20 世纪 80 年代后期，日本取代美国成为最大的债权国，而美国在 1985 年结束了其长达 67 年的债权国地位而正式沦为债务国，其在国际投资中的地位也相对下降。"大三角"国家的国际投资规模如图 1-3 所示。

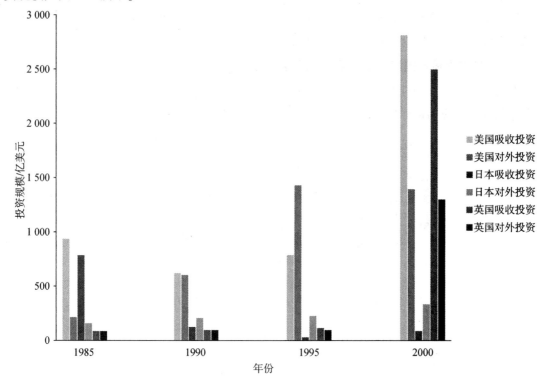

图 1-3 "大三角"国家的国际投资规模

资料来源：联合国贸发会议相关年度世界投资报告

（3）20 世纪 80 年代以后，西欧对外投资增长速度增快。2000 年，英、法、德三国对外投资额分别为 2 497.9 亿美元、1 724.8 亿美元和 485.6 亿美元。

2. 发达国家之间的相互投资不断增加（发达国家资本对流形成大趋势）

（1）20 世纪 80 年代以来，发达国家间的相互投资（也称交叉投资）增长迅速，不仅在国际资本流动中占据 2/3 的比重，成为国际投资主体，而且在全球投资中形成以德国为中心的欧盟圈、以美国为中心的北美圈和以日本为中心的亚洲圈，占据了发达国家之间资本输出的 91% 和资本输入的 93%。

（2）"大三角"内部的国际投资比重较大。如在欧盟圈，到 2000 年欧盟成员国之间的相互投资增加至 4 360 亿欧元，占欧盟对外直接投资总量的 60% 以上；在北美圈，1996 年美国将对外直接投资总量中的 9.4% 投向加拿大；在亚洲圈，1993—1994 年东南亚联盟国家吸引外来直接投资的总量中 40% 来自本地区的新兴工业化国家或地区。

（3）"大三角"国家之间的相互投资十分活跃。如 1985 年至 1989 年，西欧对美国的直接投资由 1 071.05 亿美元增加至 2 341.2 亿美元；日本对美国的直接投资由 191.13 亿美元增加至 696.99 亿美元；美国对西欧的直接投资由 1984 年的 915.49 亿美元增加至 1 767.36 亿美元；日本对西欧的直接投资累计达 358.9 亿美元。

（4）在 1998—2000 年，以美国、日本和欧盟三极主导的国际直接投资占全球对外直接投资流入量的 75% 和流出量的 85%。

3. 发展中国家在吸引外资的同时也走上了对外投资的舞台

亚洲的新加坡、韩国等国家和中国的香港和台湾地区不断吸收外国投资、引进先进技术，不仅使外资成为其经济发展的重要因素，而且在 20 世纪 80 年代中期之后掀起了发展中国家吸引外资的第二次高潮。

就对外投资而言，一些发展中国家在积极吸收外国投资的同时，纷纷开展对外投资。这些发展中国家，一些是石油输出国组织成员，如沙特阿拉伯、科威特和阿联酋等；另外一些是经济发展较快的发展中国家和地区，如一些拉美国家和亚洲的韩国、中国的台湾和香港地区等。

（三）投资方式

20 世纪 80 年代以来，国际投资的发展出现了直接投资与间接投资齐头并进的局面。1989—1999 年，全球国际投资流量总额占 GDP 的比重从 8.5% 提高到 18.3%，其中国际直接投资由 2% 提高到 4.6%，国际间接投资由 6.5% 提高到 13.7%。

（四）投资行业

第二次世界大战后国际直接投资的重点进一步转向第二产业，各发达国家纷纷增加了制造业的对外投资。但 20 世纪中期以后，国际投资行业分布转向第三产业——服务业。20 世纪 70 年代初期，国际直接投资存量中只有 25% 投向服务业，而到了 20 世纪 90 年代，这一比例已增加到 55% 左右。5 个主要发达国家的对外直接投资存量中第三产业所占的比重都大幅上升：美国从 1985 年的 41% 上升到 1992 年的 51%，英国从 1984 年的 35% 上升到 1991 年的 46%，法国从 1987 年的 46% 上升到 1991 年的 47%，德国从 1985 年的 53% 上升到 1992 年的 59%，日本从 1985 年的 52% 上升到 1993 年的 66%。

第三节 国际投资的经济影响

国际投资活动不仅影响着世界经济活动，还决定着世界经济发展的速度。本节从两方面探讨国际投资对经济的影响。一方面，借助麦克杜格尔模型就国际投资对世界经济的整体影响进行探讨；另一方面，就国际投资对就业和收入水平、进出口及国际收支水平、示范和竞争效应、产业结构水平、技术进步水平、资本形成效应和产业安全效应七个方面的影响进行探讨。

一、国际投资对世界经济整体的影响

经济学界有关国际投资活动经济影响效果的理论分析，具有代表性的是资本流动效果的分析——麦克杜格尔模型。该模型是用于分析国际资本流动的一般理论模型，其分析的是国际资本流动对资本输出国、资本输入国及整个世界生产和国民收入分配的影响。

根据这个理论，国际投资活动的开展导致了资本在国际的流动，使资本的边际生产率在国际上平均化，从而提高世界资源的利用率。现在假设世界由资本输出国（A 国）和资本输入国（B 国）组成。在封闭的经济条件下，两国存在充分的竞争，资本的价格由资本的边际生产力决定。由于资本边际生产力存在递减的现象，资本供应丰裕的输出国的资本边际生产力低于资本输入国。如图 1-4 所示，横轴代表资本量，纵轴代表资本的边际生产力。O_A 为资本输出国 A 国的原点，O_AQ 为 A 国拥有的资本量，AA' 为 A 国的资本边际生产力曲线；O_B 为资本输入国 B 国的原点，O_BQ 为 B 国拥有的资本量，BB' 为 B 国的资本边际生产力曲线，O_AO_B 是世界资本总量。

在资本流动前，A 国使用 O_AQ 量的资本，生产总量为 O_AADQ，资本的价格（即资本的边际生产力）为 O_AC；此时，B 国使用 O_BQ 量的资本，生产出 O_BBFQ 的产量，资本的价格为 O_BG。很明显，A 国的资本价格低于 B 国的资本价格。由于资本可以在国际自由流动，于是资本价格较低的 A 国的资本便会流向资本价格较高的 B 国，直到两国的资本边际生产力相等，即 $O_AL=O_BN$ 时才会停止。在这一过程中，有 SQ 量的资本从 A 国流入 B 国，最后导致两国的资本生产力趋于相等，即它们的资本边际生产力最后都等于 ES。

资本流动的结果是 A 国的生产量变为 O_AAES，B 国的生产量为 O_BBES。与资本流动前的总产量 O_AADQ+O_BBFQ 相比，世界的总产量增加了三角形 DEF 部分。这表明，资本的国际流动有利于增加全世界的产量和提高福利水平，这是生产资源在世界范围内得到优化配置的结果。

对于向外输出资本的 A 国来说，其国内产量因对外投资而减少了 $ESQD$，但其国民收入并没有下降，而是增加了。因为在国内产量减少的同时，该国又获得了 $ESQM$ 的对外投资总收益（对外投资量×资本的边际生产力）。只要投资收益大于因国内生产缩减而损失的收入，资本输出国的国民收入就会增加。图 1-4 中，A 国的收入增加了三角形 EMD 部分。一般来说，对外投资的收益率会高于国内投资；从纯收入的角度进行分析，输出资本很少使一国的总收入减少。

而对于输入资本的 B 国来说，由于使用了 QS 部分的外资，其总产量增加了 $ESQF$ 部分。其中，$ESQM$ 作为外资收益支付给 A 国，EMF 部分是 B 国国民收入的净增加。对于资本输入国来说，只要引进资本后增加的产量大于必须支付给外国投资者的报酬，该国的净收益就会增加。

由此可见，国际资本流动使资本输出国和资本输入国同时分享了世界总产量增加所带来的利益。

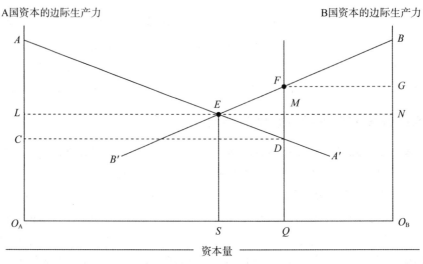

图 1-4 国际资本流动的影响

虽然麦克杜格尔模型的假设条件比现实生活要简单得多，但是，这个模型的理念还是有一定道理的，即资本国际流动的结果将通过资本存量的调整使各国资本价格趋于均等，从而提高世界资源的利用率，最终增加世界各国的总产量和各国的福利。

二、国际投资对各国经济的影响

（一）就业和收入水平

就业和收入水平是宏观经济管理中的重要指标之一。国际投资对投资国和东道国的就业数量、质量和区位都有影响。

1. 国际投资对投资国的就业和收入水平效应

国际投资对投资母国的就业和收入水平会产生"替代效应"和"刺激效应"的双重影响。所谓替代效应，是指从国内投资的角度上看，因跨国公司开展对外直接投资造成了资本流出，在国内资本存量有限的情况下，会减少母国的资本总存量，使本土进行的生产活动锐减，从而导致就业机会减少。就业替代理论认为，因为一国的资源和资本总量在短期内是固定的，对外直接投资都会挤出国内投资份额，如果对外投资没有产生出口的增加或者进口的减少，相应国内的消费或投资减少一部分，母国就业会产生替代效应。即使这种替代效应在短期内不明显，但是通过乘数加速效应，最终会导致母国就业人数的减少。所谓刺激效应，是指国际投资导致国内就业机会增加，具体是指跨国公司海外子公司从总公司进口设备、零部件、中间产品和原材料等，可以为母国企业创造就业机会；跨国公司总公司管理职能集中和有关服务业扩展，同样会创造就业机会。显然，当替代效应大于刺激效应时，国际投资将导致投资母国就业机会的减少；反之，则导致就业机会的增加。

2. 国际投资对东道国的就业和收入水平效应

从就业数量上看，国际投资增加了东道国的就业机会，且会随着吸引外资的增加而增加。若为新建投资，则一般会带来直接的就业数量增加；若为跨国并购，则和并购的阶段有关。并购刚完成时，外国投资者可能为了减少重复生产，提高效率而裁员，这可能导致相关国家的就业减少。但随着生产逐步增加，为了扩大市场占有率，跨国公司会进一步增加就业。

▟ 导入案例1-5

东南亚已成中国快递企业"走出去"合作的热门地区

人民日报2020年10月22日报道：中国国家邮政局发展研究中心此前发布的《中国快递行业发展研究报告（2019—2020年）》显示，东南亚已成为中国快递企业"走出去"合作的热门地区，中国企业的高效、便捷服务受到东南亚民众欢迎，其成熟的运营模式也带动了当地快递物流业发展。

第一，专业高效快递服务赢得口碑。

东南亚地区人口约为6.5亿人，移动互联网渗透度高，但物流基建不足等影响了快递行业的发展。随着百世、京东、闪电达等中国快递企业到东南亚国家开展业务，东南亚民众日益感受到中国快递的速度与便捷。

在曼谷西南郊区，时近傍晚，闪电达快递拉山分拨中心的交叉带分拣机启动，开始一天中最忙碌的时刻。"拉山分拨中心每天要处理50多万件快递，700多辆卡车从这里驶向泰国各地，其中6辆驶向拉农府，那是我们'次日达'服务的最南端。"闪电达快递创始人兼首席执行官李发顺说，闪电达2018年在泰国开展业务，目前已有3 500多家门店和19个分拨中心，遍布全泰77个府，订单量稳定增加，"这说明泰国民众对我们的服务很认可。"

闪电达快递是阿里巴巴集团发起的世界电子贸易平台（eWTP）主要投资企业，在泰国快递市场份额排名稳居第二。"现在，用闪电达发快递到清迈，两天就能到，比以前节省了一半时间。"曼谷市民维塔娅告诉记者，以前她发快递必须去门店，排队、填表等流程麻烦，后来有了闪电达的免费上门揽收服务，"我不出门就能寄东西，方便了！"

塔威克·敦叻是泰国南部拉农府一所中学的体育老师，多年来一直从首都曼谷购买足球、篮球、运动服等体育用品。从今年开始，曼谷的经销商通过闪电达给敦叻发货。"拉农府距离曼谷580多千米，以前发普通货运需要3至5天，现在当天订购，次日中午就送到学校，运输费用还更便宜。"敦叻说。

全球知名家居用品企业宜家2014年开拓印尼市场，当地的几家门店选择和京东物流合作后，后者提出并执行了专业的整套运营方案，宜家的绩效在3个月内有了明显提升。宜家方面表示，京东物流将中国的成熟经验带到印尼，"中国快递行业的专业和高效值得信赖。"

第二，拓展业务创造大量就业岗位。

吉拉蓬·东帕是闪电达曼谷乍都节区网点的主管。"我去年刚刚加入闪电达。疫情对泰国经济冲击巨大，但我们的工作量一直在增加，我的工资还涨了2 000多泰铢（1元人民币约4.66泰铢）。"吉拉蓬·东帕负责的网点有50多名快递员，大家都很有干劲，"快递业在泰国刚刚兴起，未来令人期待。"

"中国资本和技术帮助泰国发展了快递行业，还提供了大量就业岗位，为当地培养了行业人才。"吉拉蓬·东帕坦言，这里的工作经验为他将来创业打下了基础。

2020年7月，百世集团在马来西亚、柬埔寨和新加坡的快递业务正式投入运营；在缅甸，中通集团已建成木姐、曼德勒和仰光三大缅甸国内转运中心，并不断完善运输主干线及各地网点运输分支线；圆通国际于2019年正式开通越南国际快递包裹业务；顺丰投资了缅甸物流企业KOSPA，并在印尼成立合资公司主营电商和快递业务等。

泰国政法大学经济学院副教授阿颂西表示，快递物流业是一个国家基建水平的体现，东南亚各国都在努力完善发展快递物流业。中国快递企业拥有较成熟的发展模式，东南亚国家可以学习借鉴相关经验和技术，推动本地物流等服务产业快速发展。

第三，互联互通电商助力经贸发展。

国际市场调研公司尼尔森日前发布的一项报告显示，疫情防控期间，东南亚民众网上购物消费增长明显。随着数字技术的广泛应用，跨境网购和电子商务日益繁荣。

尖竹汶府是泰国著名的水果种植基地，以盛产榴梿闻名。56岁的榴梿种植园园主乌拉蓬说，上半年泰国疫情严重时，正值榴梿收获季节，很担心榴梿滞销。"通过电商平台，尖竹汶榴梿特别受中国消费者欢迎，甚至卖出了更好的价钱。"乌拉蓬表示，疫情防控期间，一直未间断的泰中跨境物流让泰国果农收益有了保障。

泰国商业部的数据显示，中国是泰国榴梿的最大出口市场。2020年上半年，泰国向中国内地市场出口榴梿达 10.22 亿美元，同比增长 140%。

2020 年 2 月份，东盟首次成为中国最大的贸易伙伴，中国和东南亚国家之间的跨境物流显得愈发重要。在此前举办的中国国际服务贸易交易会上，百世发布了东南亚"自邮寄"服务产品，主要提供中国与泰国、越南、马来西亚、柬埔寨、新加坡五国之间的跨境物流服务。

泰中"一带一路"合作研究中心副主任唐隆功·吴森提兰谷表示，近年来东南亚电商进入了高速发展期，和电商相辅相成的现代快递物流产业也迎来重要发展机遇。泰国等东南亚国家的经济受疫情响较大，完善基础设施、发展快递产业是对抗经济下行风险的方式之一。"泰国欢迎中国快递企业带来新模式、新技术，在共建'一带一路'框架下推动互联互通，助力东南亚本土快递网络建设，进一步振兴地区经济发展。"

资料来源：报告显示：东南亚已成为中国快递企业"走出去"合作热门地区 [EB/OL]. (2020 - 10 - 23) [2021 - 01 - 10]. http://www.mofcom.gov.cn/article/i/jyjl/j/202010/20201003010253.shtml

（二）进出口及国际收支水平

1. 从投资母国的角度

在短期内，首先是有资金外流，其次，海外子公司生产的产品可能替代母国出口产品，阻碍母国出口，再次，海外子公司生产产品还可能会返销母国，这些都会导致海外直接投资对投资国国际收支具有消极影响。但在长期情况下，海外子公司的投资收益会汇回，这会增加投资国的支付能力。另外，海外直接投资不单是资金的投资，往往是一揽子生产要素的跨国转移，这必然会拉动投资国的相关出口，同时，海外直接投资还有助于开辟新市场，这些都会帮助改善贸易收支，进而改善国际收支。

2. 从东道国的角度

在短期内，由于外汇的流入，再加上可以带动东道国的出口增加，东道国可以从跨国公司海外直接投资中获得明显的短期利益。但是，这种利益只是短期效应，是来自跨国公司一次性的资本注入，不会一直持续。长期情况下，一方面，外来直接投资往往伴随投资国资本货物、闲置设备等产品流入，因而即使是对东道国国际收支的短期正面效应也是有限的；另一方面，跨国公司会将投资收益长期汇回母国，这当然不利于东道国的国际收支平衡，并会产生消极影响。

（三）示范和竞争效应

跨国公司将新技术和新设备带到了东道国市场，使得其拥有比东道国国内企业更强大的"技术优势"和"管理优势"，并因此获得巨大的市场份额和利润。这会产生巨大的示范效应，迫使当地企业进行技术革新、提高生产效率，最终带动东道国相关产业的技术进步。

尤其是对一些垄断性行业来说，跨国公司的到来会带来强大的竞争压力，使垄断性行业的垄断行为受到遏制，改变市场竞争结构，改善资源配置，推动当地技术效率的提高。

具体到中国来看，近几年来，随着中国金融、保险、电信服务、批发零售等行业对外开放的程度不断提高，跨国公司国际直接投资的大规模增加，这些行业的效率明显提高，服务层次明显提升。

（四）产业结构水平

跨国公司海外投资促进了东道国新兴工业的发展，进而推动了东道国产业结构的升级。第二次世界大战以后，在新的科技革命的推动下，发达国家迅速出现了一系列新兴工业部门，而发达国家间的相互直接投资，使这类新兴工业部门在各发达国家间迅速发展，加快了发达国家产业结构的演进速度。例如，石油化学工业部门最早出现于美国，是美国实力强大、技术先进的工业部门，美国在西欧的直接投资，使该工业部门首先在英国，进而在其他国家建立和发展起来；其他诸如合成纤维、合成橡胶工业、电子计算机等也大多是由美国跨国公司在西欧最先建立起来的，从而促进了西欧国家此类新兴工业部门的发展。

在广大发展中国家，外来直接投资对其产业结构的调整，尤其是促进制造业的发展发挥了积极作用。例如，发达国家跨国公司对"亚洲四小龙"的直接投资和技术转让与"亚洲四小龙"的高技术战略相呼应，积极推动了其产业结构由劳动密集型产业向资本和技术密集型产业转变，进而促进了其产业结构的日趋高级化。而在东盟一些国家（如菲律宾、泰国）和拉美一些国家（如墨西哥、巴西），外国直接投资在其资本和技术密集型行业中的作用尤为突出。

（五）技术进步水平

对东道国而言，跨国公司海外直接投资不仅为其带来了资本等有形资源，而且更重要的是为其带来了研究与开发、技术、组织管理技能等无形资源，进而促进了东道国的技术进步，为东道国经济增长做出贡献。

1. 吸收外国直接投资是东道国获取国外先进技术的重要途径

由于跨国公司是技术能力的主要持有者和技术发明的领头羊，为了开发自己的技术优势并对其进行有效控制，许多跨国公司选择对外直接投资为其海外市场服务。它们往往把最新技术在公司体系内部转移。因此，吸引跨国公司前来直接投资就成为许多国家（尤其是发展中国家）获取最新技术特别是某些关键技术的最重要乃至唯一的途径。除了独资外，跨国公司还通过一系列外在化形式，主要是非股权方式来向东道国进行技术转移。对于许多东道国尤其是发展中东道国而言，要发展经济无疑需要取得先进技术，提高技术水平。

2. 跨国公司海外直接投资促进了先进技术、劳动技能、组织管理技巧等在东道国国内的扩散

这具体表现在：①跨国公司较之于当地企业更高的要素生产率加剧了行业竞争，迫使东道国企业不得不采用新技术，降低成本以提高生产效率；②跨国公司分支机构的出现展示了有利可图的新产品和新工艺，进而促使当地企业仿效，不断改进产品构成，提高产品质量，从而有利于东道国企业的技术进步；③跨国公司分支机构通常与东道国间尤其是与提供原材料、中间产品和服务的东道国企业间有非常密切的联系，因而，外国企业可以通过设计、图纸、规格、制造技术与加工诀窍、质量控制、生产率提高技术、管理技能等形式向当地企业传授知识和技术；④受雇于外国企业的当地科技人才与管理人才的流动可以为东道国带来技术溢出效应。

3. 跨国公司研究与开发机构的日趋分散化促进了东道国的科研活动，进而有利于东道国形成自己的研究与开发能力

跨国公司子公司通过与当地科研机构、大学、生产资料供应厂家进行科研合作，使东道国得以接近国际化的人才库，促进了其科研活动的发展和开发能力的提高。同时，研究与开发活动中管理人员培训中心的建立，不仅为东道国带来了大量的组织管理技巧，而且通过促进东道国人力的资源开发，为其直接或间接提供了大量可供利用的中高级经营管理人才和掌握先进劳动技能的熟练工人等。

（六）资本形成效应

就国际投资对东道国的资本形成效应来看，促进资本形成历来被认为是国际投资对东道国经济增长的重大贡献。

海外直接投资的注入增加了东道国的资本存量。一方面，新建方式注入的绿地投资既可以增加东道国的储蓄，又可以增加其投资，在增加东道国资本存量方面的作用最为明显；另一方面，跨国公司通过所有权转移的方式收购或兼并东道国企业，使这些企业免于倒闭，或迅速提高产生能力，东道国也可将卖出国内企业所获资金用于国内再投资，这些虽不是直接增加投资，却可以使东道国的资本存量获益，增加现有资本存量。

东道国条件的改善和投资政策的自由化通常会促进跨国公司海外投资为东道国带来后续性追加投资，从而有助于增加东道国的资本存量。

海外直接投资的进入通常会引致母国企业的追加投资或辅助投资。这是因为海外投资中必需的中间产品乃至最终产品在当地企业没有或者不符合标准，或者因为投资者更倾向于从具有长期信任关系的供应企业进货等。

（七）产业安全效应

跨国公司的海外投资对产业安全有一定的潜在威胁。所谓产业安全，是指一国制度安排能够导致较合理的市场结构及市场行为，使经济保持活力，使本国重要产业在开放竞争中具有竞争力，使多数产业能够生存并持续发展。海外投资对产业安全的威胁主要体现在以下几方面。

1. 市场控制

由于外资在资本、规模、技术、管理等方面都具有相对优势，它们会占领和控制东道国市场，并且在某些行业形成垄断。

2. 股权控制

外资在进入东道国初期，由于各种因素的限制以及出于自身安全的考虑，大多会采取合资的方式，但发展到一定时期，便会倾向于独资或通过各种方式谋求在合资企业中的控股权。通过股权控制，首先控制东道国的企业，然后控制东道国的产业，从而可能会影响东道国的产业安全。

3. 技术控制

跨国公司的一切活动都与技术有关，其进入东道国市场靠的是技术。进入之后，为了利用技术保持优势，其并不轻易转让技术，并可能通过转移二、三线技术，封锁关键技术，在

技术转让上附加种种苛刻条件等方式来进行技术控制。

4. 品牌控制

大量外商直接投资的入境，其目的就是要抢占东道国的市场。跨国公司在合资后，往往会凭借自己的资金和技术优势掌握合资企业的控制权，再通过推行品牌战略挤垮东道国的竞争对手，以达到在将来垄断东道国市场的目的。

■■/ **导入案例1-6**

民族品牌乐百氏"消失"的17年

1989年，何伯权等人创立了乐百氏，不到5年时间，乐百氏就成为全国乳酸奶的第一品牌，一时间风光无限。但自1998年以后，乐百氏的业绩一直在十几亿元间徘徊，与此同时，宗庆后带领着娃哈哈连续10年成为中国饮料行业的老大。当时，何伯权在反思乐百氏与娃哈哈之间的差距时，认为一个主要因素是娃哈哈与达能的合作。在达能的帮助下，娃哈哈的资金较为充裕，在开疆拓土的过程中得心应手。

在乐百氏的反复思考和权衡下，2000年3月，乐百氏将92%的股权卖给了达能。与乐百氏不同的是，娃哈哈与达能的合作采取的是与达能成立合资子公司的形式，宗庆后自始至终都拒绝达能"染指"娃哈哈集团的股份；而在与乐百氏的合作中，达能从一开始就占据了绝对控制地位，这也为乐百氏后来的遭遇埋下了伏笔。

令何伯权没有想到的是，这场合资不是乐百氏期待的"双赢"，而是达能"独霸"的开始。在两者合作之初，何伯权曾在内部表示，"双方共同组建的乐百氏（广东）食品饮料有限公司由达能控股，但达能并不派员参与管理。乐百氏仍拥有商标权、管理权、产品及市场开拓权"。但从合作之初，何伯权等人就丧失了对乐百氏的控制权，在多次与达能意见相左不欢而散后，何伯权等五名创业元老集体辞职。

在何伯权出走后，达能一直都未找到合适的继任者，乐百氏总裁之位也变动频频：从2001年到2006年，乐百氏在5年的时间里迎来了4位总裁。高层频频变动，中层与基层也未能幸免。2006年，由于业绩持续低迷等原因，达能在乐百氏大裁员，在当时引起极大震动。

中国人民大学并购研究中心教授李俊杰指出，外资并购中国企业从战略目的来讲，主要是看重中国市场。外资在资金、技术、品牌上有优势，对于创始人来说，很多时候并购的出发点在于买卖双方都能分享增值，从经济学角度也是最能创造价值的。但价值提升主要是协同效应，收购方势必会对品牌的情况进行修改，和原有买方公司的产品线形成互补，很难对目标公司情况进行全盘接受。

"一个公司收购品牌会全盘考虑各种产品线之间的布局和分工，以及对市场的策略，和单独作为一个品牌会有一些区别。"李俊杰分析，"一旦成为一个大公司下面的品牌，可能需要和其他产品线协调。乐百氏作为达能的子品牌，显然只会被达能当成一个棋子，而无法像独立品牌一样全面发展。"

资料来源：亢樱青，纪程程. 民族品牌乐百氏"消失"的17年 [J]. 商学院，2017（Z1）：42-44.

本章小结

本章第一节介绍了国际投资的概念及分类。国际投资是指一国的投资者对他国的经营活动进行跨国界的投资，以获得较国内更高的投资收益的经济行为。国际投资按照资本来源和用途，可分为国际公共投资和国际私人投资；按照投资期限，可分为短期投资和长期投资；按照投资的资本性质，可分为国际直接投资和国际间接投资。第二节介绍了国际投资的四个发展阶段及各阶段的发展特点，具体包括初始形成阶段、低迷徘徊阶段、恢复增长阶段、迅猛发展阶段。第三节介绍了国际投资对世界经济整体的影响以及对各国经济的影响。对各国经济的影响主要从就业和收入水平、进出口及国际收支水平、示范和竞争效应、产业结构水平、技术进步水平、资本形成效应和产业安全效应七个方面进行介绍。

本章思考题

1. 名词解释。

国际投资　国际公共投资　国际私人投资　国际直接投资　国际间接投资　长期国际投资

2. 简述 20 世纪 70 年代以来国际投资的发展出现的新特点。

3. 如何看待麦克杜格尔模型的基本理念？

4. 试述国际投资对投资国和东道国分别会产生什么样的经济影响。

5. 案例分析：根据以下材料并查阅网上有关资料，分析国际投资对促进地方经济发展方面的作用。

2020 年 11 月 20 日，由商务部投资促进事务局主办、重庆经济技术开发区管委会承办的广阳湾发展策略研讨会在重庆经开区国际招商推介会期间成功举办。会议以"产学研合作"为抓手，创新性开展投资促进工作，得到了全球湾区委员会的大力支持和重庆经开区的高度重视，为重庆经开区发展、广阳湾建设引入国际化资源搭建起交流合作平台。

广阳湾发展策略研讨会采用线上线下结合的方式，连线国内外湾区规划领域知名学者，并邀请城市建设领域专家、能源领域贸易投资促进机构代表、生态产业企业代表参与研讨，重庆经开区办公室、区规划自然资源局、生态城指挥部办公室、经发局、建管局、投促局、广阳岛投资公司等重庆经开区多部门列席参会。

首先，重庆经开区管委会王建华副主任对重庆经开区及广阳湾有关情况进行介绍。随后，各位与会专家与嘉宾围绕全球湾区规划治理经验对广阳湾启示、广阳湾开发建设策略两个议题展开研讨。中国建筑设计院有限公司总建筑师李兴钢作为参与广阳湾规划设计的专家之一，对"广阳岛智创生态城"的建设理念进行了详细描述，全球湾区秘书长段培君、旧金山湾区委员会经济研究所高级主任肖恩·伦道夫、全球湾区论坛委员会委员陈刚、全球湾区论坛委员会委员荣承泽、全球湾区论坛委员会秘书处副秘书长史乃聚作为湾区领域专家分别以全球湾区经济对广阳湾发展的借鉴意义、广阳湾独特性的发掘、广阳湾生态竞争力的培养模式、人才教育与金融产业对广阳湾可持续发展规划的影响、中西部地区创新发展路径为主题展开论述，以色列驻成都总领事馆商务主任李雨桐、苏伊士新创建与环境解决方案业务发展总监陈岩作为产业代表分别从能源产业国际投资合作、生态智慧发展模式等方面为广阳湾发展建言献策。

最后，重庆南岸区区委副书记、重庆经开区管委会主任王茂春表示，广阳湾发展注重生态与经济协调发展，邀请与会专家加入广阳湾湾区建设智库，共同打造高质量国际化特色湾区。商务部投资促进局国际联络部主任杨卓表示，商务部投资促进局作为国家级双向投资促进机构，将继续不断整合政府、园区、企业、机构等资源，汇聚金融、科创等要素，为投、引资者搭建交流合作平台，倡议广阳湾与全球湾区继续开展交流合作，在疫情背景下，各方应坚定信心，充分利用数字化手段继续深化沟通与合作。

资料来源：产学研合作　助力广阳湾建设［EB/OL］.（2020-11-27）［2021-01-15］. http：//www. mofcom. gov. cn/article/shangwubangzhu/202011/20201103018868. shtml

第二章

国际投资理论

学习目标

（1）了解国际直接投资理论的发展渊源。

（2）掌握垄断优势理论、产品生命周期论和比较优势理论的主要内容。

（3）了解内部化理论和国际生产折衷理论的主要内容。

（4）能运用相关理论解释企业的跨国经营行为。

导入案例 2-1

中国对外开放的道路究竟该怎么走？

开放经济与封闭经济的本质区别，是能否利用外部资源来发展本国经济。从政治上讲，人们通常把殖民主义定义为帝国主义的产物。但是从对外开放的角度来讲，殖民主义是重商主义的产物，因为殖民主义不过是重商主义垄断对外贸易的一种方法而已，这在政治经济学的教科书里被定义为瓜分市场，而在经济学教科书里则被定义为市场分割与贸易垄断。

随着英国工业化的发展和国际竞争力的增强，以及经济理论的发展，率先工业化从而具有先发优势的英国，在亚当·斯密自由市场经济理论与大卫·李嘉图自由贸易理论的推动下，又走上了自由主义的开放之路。自由贸易主义主张在没有进口关税、出口补贴、国内生产补贴、贸易配额或进口许可证等因素限制下开展国与国之间的商贸活动。自由主义贸易理论产生的基本依据是比较优势理论，根据这一理论，各国应致力于生产成本低、效率高的商品，来交换其无法用低成本生产的商品。

面对具有先发优势的自由主义对外开放，那些后发展国家或者经济体又该选择什么样的对外开放之路。德国历史学派经济学家李斯特从本国国情出发，主张德国选择贸易保护主义的开放道路。如果说重商主义追求的目标是贸易顺差，那么，贸易保护主义对外开放的目标则是保护本国幼稚产业的发展。但是，贸易保护主义也不同于自由主义，自由主义反对政府干预，而贸易保护主义则主张政府干预。

自人类开始远洋以来，在走向对外开放的道路上至少有以下几种可能的选择：重商主义、自由主义、殖民主义、贸易保护主义、社会主义，以及以依附论为依据的闭关主义。至于具体选择什么样的开放政策，如是出口导向、进口替代、保护幼稚产业、加工贸易，还是外包与产业链分工等，则都属于一种较低层面的政策问题，而不是道路问题。有些适合于自由主义的对外开放，有些适合于贸易保护主义的对外开放，从而才可以组合成更为多元化的开放经济。但是，我们必须认真加以区别的是，在这些可能的组合选择中，有些是基于意识形态的，有些是基于经济发展阶段的，还有些则是基于世界经济发展环境的。比如，自由主义和社会主义的选择显然是基于意识形态，而重商主义、自由主义和贸易保护主义的选择则更多地基于经济发展的阶段，最后，殖民主义的选择则在很大程度上与世界经济环境处于"丛林状态"有关。

中国1979年的对外开放所选择的道路无疑是重商主义与贸易保护主义的组合。1979年的中国不仅是一个低收入发展中国家，而且就农村人口高达70%以上的状况而言，显然处于刘易斯增长阶段。为此，中国既需要解决发展中国家储蓄不足与外汇短缺的两缺口问题，又要保护国内的幼稚产业来实现工业化发展，实现农村人口从报酬递减的农业部门向报酬递增的城市工业部门的转移。而追求贸易顺差的重商主义和保护幼稚产业的贸易保护主义之组合，则可以同时解决中国以上两个方面的发展问题。所以，做出这样的选择是非常理性的，也是非常符合中国的实际情况的。

但是在经历了四十年的开放之后，四十年之前所做的选择显然已经不再适应当下的中国。从内部经济来看，发展中国家的两缺口已经闭合；中国的制造业缺的不是保护而是竞争；从外部经济来看，中国已经成为当今世界贸易失衡的主要当事国，全球贸易失衡主要发生在中美两国之间，且中国因为对外开放的自由度不够，成为当今世界上最大的贸易顺差国。中国在2001年加入WTO的时候，虽然做出了自由贸易的承诺，但是，在降低、减少直至取消制造业的出口补贴、服务业和农业的自由贸易等方面进展不是很大，由此造成的贸易摩擦不仅给中国的对外开放带来了负面的影响，而且也给中国的经济增长带来了消极的影响。

面对这样的局面，我们已经到了必须重新选择对外开放道路的关键时刻。那就是变重商主义和贸易保护主义的组合为自由主义的对外开放，为此，就必须积极推进贸易自由化的改革。比如，没有政府职能的转变，我们便无法准确界定政府与企业的边界，从而也就无法解决政企不分与对外贸易中政府过度补贴的问题；没有政府职能的转变，我们便很难推进服务业贸易的自由化，原因就在于一些最为重要的服务业基本控制在政府的手里，处于不可竞争的垄断状态；没有土地的流转与交易，便难以变小农经济为具有国际竞争力的现代大农业，从而也就难以实现农产品的自由贸易，进而成为世界大粮仓。进一步而言，这些问题不解决，当然也不可能解决资源错配和那些受到政府保护的部门生产效率低下的问题。由此可以得到的结论是，若要选择更为自由的对外开放之路，我们便需要更为全面而又深刻的体制改革。

资料来源：我国对外开放的道路究竟该怎么走？［EB/OL］.（2019-11-28）［2021-01-16］. http：//zys. mofcom. gov. cn/article/zxw/201911/20191102917702. shtml

第一节　西方主流直接投资理论

第二次世界大战后，国际直接投资活动迅猛增长，越来越多的国际直接投资理论在西方经济学界获得快速发展。各国学者从各种角度解释了这种经济现象，并逐渐形成了海默的垄断优势理论、弗农的产品生命周期理论、巴克雷等人的内部化理论、邓宁的国际生产折衷理论等具有较大影响的主流直接投资理论。

一、垄断优势理论

（一）垄断优势理论的产生背景

纳克斯于 1933 年提出利率差异论，把国际直接投资作为国际资本流动中的一种，认为各国间的利率差是国际资本流动的动因。但是，在实践中，"利率诱因"只能解释借贷资本的跨国流动，不能正确解释国际直接投资行为。20 世纪 50 年代以后，美国跨国公司呈迅速发展之势，利润差异论的局限性也随之暴露，因而迫切需要具有较强解释力的理论出现。在这种背景下，1960 年，美国学者斯蒂芬·海默（Stephen Hymer）在麻省理工学院完成的博士论文《国内企业的国际化经营：对外直接投资的研究》中，率先对传统理论提出了挑战，首次提出了垄断优势理论。20 世纪 70 年代，由其导师——麻省理工学院的金德尔伯格（C. P. Kindleberger）对海默提出的垄断优势理论进行了补充和发展。该理论是一种阐明当代跨国公司在海外投资具有垄断优势的理论，也是研究国际直接投资最早的一种理论。鉴于海默和金德尔伯格对该理论均做出了巨大贡献，有时又将该理论称为"海默-金德尔伯格传统"（H-K Tradition）。该理论以结构性市场不完全性和企业的特定优势两个基本概念为前提，指出市场不完全性是企业获得垄断优势的根源，垄断优势是企业开展对外直接投资的动因。

（二）垄断优势理论的主要思想

垄断优势理论的核心内容是市场不完全与垄断优势。该理论认为，市场不完全是对外直接投资的根本原因，同时跨国公司的垄断优势是对外直接投资获利的条件。

1. 市场不完全

传统的国际资本流动理论认为，企业面对的海外市场是完全竞争的，即市场参与者所面对的市场条件均等，且无任何因素阻碍正常的市场运作。完全竞争市场所具备的条件是：①有众多的卖者与买者，其中任何人都无法影响某种商品市场价格的涨跌；②所有企业供应的同一商品均是同质的，相互间没有差别；③各种生产要素都在市场上无障碍地自由流动；④市场信息通畅，消费者、生产者和要素拥有者对市场状况和可能发生的变动有充分的认识。海默认为，对市场的这种描述是不正确的，"完全竞争"只是一种理论研究上的假定，现实中并不常见，普遍存在的是不完全竞争市场，即受企业实力、垄断产品差异等因素影响所形成的有阻碍和干预的市场。

海默认为，市场不完全体现在以下四个方面：

（1）商品市场不完全，即商品的特异化、商标、特殊的市场技能以及价格联盟等；

（2）要素市场不完全，表现为获得资本的不同、难易程度以及技术水平差异等；

（3）规模经济引起的市场不完全，即企业由于大幅增加产量而获得递增的规模收益；

（4）政府干预形成的市场不完全，如关税、税收、利率与汇率等政策。

海默认为，市场不完全是企业对外直接投资的基础，因为在完全竞争市场条件下，企业不具备支配市场的力量，它们生产同样的产品，同样地获得生产要素，此时对外直接投资不会给企业带来任何特别利益。而在市场不完全条件下，企业则有可能在国内获得垄断优势，并通过对外直接投资在国外生产并加以利用。

2. 垄断优势

海默认为，当企业处在不完全竞争市场中时，对外直接投资的动因是充分利用自己具备的"独占性生产要素"，即垄断优势，这种垄断优势足以抵消跨国竞争和国外经营所面对的种种不利而使企业处于有利地位。企业凭借其拥有的垄断优势排斥东道国企业的竞争，维持垄断高价，导致不完全竞争和寡占的市场格局，这是企业进行对外直接投资的主要原因。

一般而言，敢于向海外进行直接投资并能在投资中获利的跨国公司多在以下几个方面具有垄断优势：

（1）资金优势。一方面跨国公司本身就具有雄厚的资金实力，另一方面大公司的信誉度高、不动产多，因而能轻易地从许多国际金融机构获得贷款。因此，跨国公司在资金实力、融资渠道与便捷性上具有一般国内公司无法比拟的优势。

（2）技术优势。跨国公司通常拥有较强的科研队伍，并有能力投入大量资金研发新技术和新产品。开发出新技术后，跨国公司更倾向于以独有的先进技术对东道国直接投资，获取垄断利润。

（3）信息与管理优势。跨国公司的子公司、分公司及各类销售机构分布在不同国家中，统一的管理和全球化战略原则又把这些分支机构连为一体。因此，它们各自所获得的信息和情报能在总体利益一致的前提下互相交流。

（4）信誉与商标优势。信誉与商标是跨国公司所拥有的重要无形资产，也是其垄断优势的一个重要方面。凭借其悠久的历史和显赫的信誉度，跨国公司比其他企业更容易巩固老市场和开拓新市场。

（5）规模经济优势。规模经济包括内部规模经济和外部规模经济。跨国公司通过水平一体化经营，可以扩大规模，降低单位产品成本，增加边际收益，即获得内部经济优势。同时，跨国企业还可以通过垂直一体化经营，利用上、下游专业化服务，实现高技术劳动力市场的共享和知识外溢所带来的利益，即获取外部规模经济优势。

（三）垄断优势理论的发展和完善

自海默、金德尔伯格开创国际直接投资理论研究先河之后，众多学者开始对跨国公司的国际直接投资行为进行更为深入的研究。研究结果显示，跨国公司具有的垄断优势来自其独有的核心资产。

约翰逊（H. G. Johnson）在1970年发表的《国际公司的效率和福利意义》论文中指出，跨国公司的垄断优势主要来源于其对知识资产的控制。与其他资产相比，知识资产的生产成本较高，而通过国际直接投资方式来对这些知识资产加以利用则成本较低。另外，跨国公司可以以较低的价格将高技术知识转移给子公司。

凯夫斯（R. E. Caves）在1971年发表的《国际公司：对外投资的产业经济学》论文中指出，跨国公司所拥有的使产品发生异质的能力是其拥有的重要优势之一。跨国公司可以凭借其强大的资金、技术优势，针对不同层次和不同地区的消费者偏好设计、改造产品，使其产品在形态、性能、包装上与其他产品有差异，并通过强有力的广告宣传、公关活动等促销手段促使消费者偏爱和购买这些产品。

尼克博克（F. T. Knickerbocker）在1973年发表的《寡占反应与跨国公司》中指出，寡占市场结构中的企业跟从行为（即寡占反应）是对外直接投资的主要原因。在寡占市场结构中，少数几家大公司会密切关注对手的对外直接投资行动，随时紧跟其后实行跟进战略。其目的在于抵消竞争对手率先行动所带来的优势，规避风险。同时，寡占反应行为必然导致对外直接投资的成批性，因为只有盈利率高的行业的跨国公司才能拥有雄厚的资金实力，才能迅速做出防御性反应。

（四）垄断优势理论简评

1. 理论贡献

垄断优势理论突破了国际资本流动导致对外直接投资的传统贸易理论框架，首次提出不完全市场竞争是导致国际直接投资的根本原因。同时，其对不完全市场结构以及企业垄断优势的分析，为以后国际直接投资理论的发展奠定了坚实基础。

垄断优势理论在20世纪60—70年代中期，对西方学者产生过较深刻的影响。垄断优势理论从理论上开创了以国际直接投资为对象的新研究领域，使国际直接投资的理论研究开始成为独立学科。这一理论既解释了跨国公司为了在更大范围内发挥垄断优势而进行的横向投资，也解释了跨国公司为了维护垄断地位而将部分工序，尤其是劳动密集型工序，转移到国外生产的纵向投资，因而对跨国公司对外直接投资理论发展产生了深刻的影响。

2. 理论局限性

垄断优势理论也存在一些局限性，比如不能很好地解释对外直接投资流向的产业分布或地理分布；另外，因为它以美国为研究对象，因此缺乏普遍的指导意义，尤其不能解释不具备垄断优势的发展中国家企业的对外直接投资行为。

◢◢◣ 导入案例2-2

雀巢并购惠氏的垄断优势分析

2012年4月23日，国际食品巨头雀巢集团宣布，作为提升公司在全球婴儿营养业务领域的一项战略举措，该公司同意以118.5亿美元收购辉瑞营养品业务，即包括惠氏奶粉在内的营养品板块。

（1）技术优势：雀巢拥有广布全球的研发网络，包括设在瑞士洛桑的基础研究中心和分布在欧洲、亚洲、非洲及美洲等国家的29个研发中心（包括雀巢北京研发中心和上海研发中心），约有5 000名技术人员从事研发活动。

（2）资金优势：2011年，无论是在新兴市场还是发达市场，雀巢都取得了良好的业绩，收入和利润都获得了增长。2011年，雀巢集团报告销售额为836亿瑞郎，实现有机增长

7.5%，创造了近年来最好的增长成绩。

（3）组织管理优势：公司设在瑞士日内瓦的总部对生产工艺、品牌、质量控制及主要原材料做出了严格的规定。而行政权基本属于各国公司的主管，他们有权根据各国的要求，决定每种产品的最终形成。这意味着公司既要保持全面分散经营的方针，又要追求更大的一致性。

资料来源：国际直接投资理论［EB/OL］.（2015-11-25）［2021-1-18］. http：//www.doc88. com/p-6681238437719. html

二、产品生命周期论

（一）产品生命周期论的产生背景

产品生命周期原先是一个市场营销学的概念，是指产品像任何事物一样，有一个诞生（创新）、发展、衰退的过程。哈佛大学跨国公司研究中心教授弗农（Raymond Vernon）于1966年在美国《经济学家》季刊上发表了《产品周期中的国际投资与国际贸易》这篇学术论文，把这一概念用于分析国际直接投资现象，提出了产品生命周期论。该理论将企业的垄断优势、产品生命周期以及区位因素结合起来，解释国际直接投资的动机、时机与区位选择。弗农认为，传统理论脱离现实，理论解释力较弱，为此，他试图引入若干新变量，如创新、规模经济、新产品开发中的累积知识和风险度的降低等，使理论能够反映投资的动态变化过程。

（二）产品生命周期论的主要内容

所谓产品生命周期，是指产品在市场销售中的兴衰过程，这一过程就和人的生命一样，要经历形成、成长、成熟、衰退的周期。就产品而言，也就是要经历一个开发、引进、成长、成熟、衰退的阶段。而在不同技术水平的国家里，这一周期发生的时间和过程又是不一样的，在此期间可能存在较大的时差，并具体表现为不同国家在技术上的差距，同时也反映了同一产品在不同国家市场上的竞争地位的差异，从而决定了国际贸易和国际投资的变化。

典型的产品生命周期一般可以分成四个阶段，即导入期、成长期、成熟期和衰退期，具体如图2-1所示。

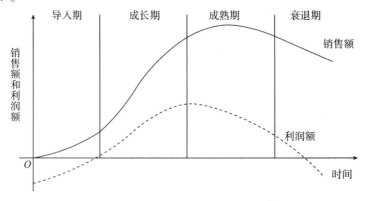

图2-1　产品生命周期示意

1. 第一阶段：导入期

这个时期是指产品从设计投产到投入市场接受测试的阶段。新产品投入市场，便进入了导入期。此时，产品品种少，顾客对产品还不了解，除少数追求新奇的顾客外，几乎无人实际购买该产品。生产者为了扩大销路，不得不投入大量的促销费用，对产品进行宣传推广。该阶段由于生产技术方面的限制，产品生产批量小，制造成本高，广告费用大，产品销售价格偏高，销售量极为有限，企业通常不能获利，反而可能亏损。

2. 第二阶段：成长期

当产品进入导入期，销售取得成功之后，便进入了成长期。成长期是指产品通过试销，效果良好，购买者逐渐接受该产品，产品在市场上站住脚并且打开了销路。这是需求增长阶段，需求量和销售额迅速上升，生产成本大幅下降，利润迅速增长。与此同时，竞争者看到有利可图，纷纷进入市场参与竞争，使同类产品供给量增加，导致产品价格随之下降，企业利润增长速度逐步减慢。

3. 第三阶段：成熟期

成熟期是指产品进入大批量生产并稳定地进入市场销售的阶段。经过成长期之后，随着购买产品的人数增多，市场需求趋于饱和。此时，产品普及并日趋标准化，成本低而产量大，销售增长速度缓慢直至下降。由于竞争加剧，同类产品生产企业之间不得不加大在产品质量、花色、规格、包装服务等方面的投入，这在一定程度上又增加了成本。

4. 第四阶段：衰退期

衰退期是指产品进入了淘汰阶段。随着科技的发展以及消费习惯的改变等，产品的销售量和利润持续下降，产品在市场上趋于老化，不能满足市场需求，市场上已经有其他性能更好、价格更低的新产品来满足消费者的需求。此时，成本较高的企业就会由于无利可图而陆续停止生产，该类产品的生命周期也就陆续结束，直至最后完全撤出市场。

（三）产品生命周期论简评

1. 理论贡献

产品生命周期论提供了一套适用的营销规划观点。它将产品分成不同的策略时期，营销人员可针对各个阶段的不同特点而采取不同的营销组合策略。此外，产品生命周期只考虑销售和时间两个变数，简单易懂。

2. 理论局限性

产品生命周期论的不足之处主要体现在：①产品生命周期各阶段的起止点划分标准不易确认；②并非所有的产品生命周期曲线都是标准的 S 形，还有很多特殊的产品生命周期曲线；③无法确定产品生命周期曲线到底适合单一产品项目层次还是一个产品集合层次；④该曲线只考虑销售和时间的关系，未涉及成本及价格等其他影响销售的变数；⑤易造成"营销近视症"，认为产品已到衰退期而过早地将仍有市场价值的好产品剔除出产品线；⑥产品衰退并不表示无法再生，通过合适的改进策略，公司可能再创产品新的生命周期。

总之，尽管产品生命周期论存在诸如研究范围狭窄、研究对象单一等局限性，但其在跨国经营理论的动态性、产品创新等方面的开创性研究，使其在主流国际直接投资理论中占有重要地位。

▰▰\ 导入案例 2-3 ▃▃▃▃

宝钢率先实施产品"生命周期评价"

2011 年，宝钢在国内企业中率先实施产品环境绩效的"生命周期评价"，将环境保护融入上下游产业链的全过程，此举可为下游出口产品提供相关的服务与支撑，有助于越过国际贸易中的"绿色门槛"。

据介绍，产品生命周期评价是一种全流程系统化的分析产品环境绩效的方法和工具，可覆盖钢铁产品生产的全流程，并把环境保护融入从研发到采购、制造、销售的上下游产业链的全过程，能大大减少下游使用过程的排放，达到生命周期总量最低的效果。

当时，国内一些大型制造企业在产品出口过程中，面临欧盟的"绿色贸易门槛"，要求出口欧盟的产品提供产品生命周期评价报告。国内只有宝钢能够提供"生命周期评价"的技术服务和支持，这也成为宝钢那一时期"大客户先期介入"的一个尝试。

资料来源：宝钢率先实施产品"生命周期评价"：有助下游出口产品越过"绿色贸易门槛" [EB/OL]. (2012-01-16) [2021-01-22]. http：//shtb. mofcom. gov. cn/article/m/c/201201/20120107929922. shtml

▰▰\ 导入案例 2-4 ▃▃▃▃

苹果公司的产品周期

苹果公司 2014 年 10 月 16 日推出最新款平板电脑 iPad mini3 和 iPad Air 2。由此也引发了部分人对平板电脑未来前景的讨论。对于苹果来说，iPhone 6Plus 抢走了 iPad mini 的销售市场是 iPad 的最大难题。当然，苹果公司并不介意甚至还坚持自家产品内部的自相蚕食，曾经风靡一时的 iPod 主要也是被 iPhone 取代的。

iPad 已经没有退路，它所遇到的这个问题并不是个例。事实上，每个平板供应商都将会面临同样无利润空间的问题。平板电脑犹如曾经适时出现的上网本，虽然它不会像上网本那样迅速消失在人们的视野中，但随着三星 Galaxy Note 4 和 iPhone 6Plus 这样的大屏智能机进一步占领市场，很难说与它同系列的大屏产品还能成为人们的生活必需品。

这其实是产品周期加快的表现。上网本遇上了瞬息万变的技术时代。平板电脑曾一度发展到顶峰，却面临着未来发展放缓的问题。将来科技产品的寿命和其种类是不可兼得的。

资料来源：国际直接投资理论 [EB/OL]. (2015-11-25) [2021-01-22]. http://www. doc88. com/p-6681238437719. html

三、内部化理论

(一) 内部化理论的产生背景

内部化理论也称市场内部化理论，起源于 20 世纪 30 年代科斯的交易成本理论。自 20 世纪 70 年代中期，以英国雷丁大学学者巴克利（Peter J. Buckley）、卡森（Mark Casson）与加拿大学者拉格曼（A. M. Rugman）为主要代表人物的西方学者，以发达国家跨国公司（不含日本）为研究对象，沿用了美国学者科斯（R. H. Coase）的新厂商理论和市场不完全的基本假定，于 1976 年在《跨国公司的未来》（*The Future of Multinational Enterprise*）一书中提出并建立了跨国公司的一般理论——内部化理论。

所谓内部化，是指把外部市场建立在公司内部的过程。其目的在于以内部市场取代原来的外部市场，从而降低外部市场交易成本并取得市场内部化的额外收益。内部化理论将市场不完全归因于市场机制的内在缺陷。

（二）内部化理论的主要内容

1. 内部化理论的基本假设

内部化理论有三个基本假设：其一，企业在不完全市场竞争中从事生产经营活动的目的是追求利润最大化；其二，中间产品市场的不完全，使企业通过对外直接投资，在组织内部创造市场，以克服外部市场的缺陷；其三，跨国公司是跨越国界的市场内部化过程的产物。基于以上假设，当中间产品市场（原材料、知识、信息、技术、管理等）不完全，使得企业在外部市场中遭遇交易时滞和较大交易成本时，企业就将中间产品市场在一个厂商中内部化，以最大化其经济利益。

2. 市场内部化的动机

内部化理论强调企业通过内部组织体系以较低成本在内部转移该优势的能力，并把这种能力当作企业发生对外直接投资的真正动因；认为通过国际直接投资，在国外建立自己能够控制的子公司，以较低的成本将技术优势转移至国外，还能保证这些知识产权优势不被外人染指，使企业在技术创新阶段所投的巨额研究开发费用得到最大限度的回报。

市场内部化的动机主要体现在：防止技术优势的流失，特种产品交易的需要，对规模经济的追求，利用内部转移价格达到获取高额垄断利润、规避外汇管制、逃税等目的。

3. 市场内部化的影响因素

巴克利和卡森认为，影响企业交易成本并因而决定市场内部化的因素主要有四个：①行业特定因素，主要包括产品的性质、规模经济以及外部市场结构等；②国别特定因素，主要包括国家政治制度、法律制度和财政金融政策对公司行为的影响；③地区特定因素，主要包括有关区域内的地理和社会特点，如地理位置、社会心理、文化环境等；④企业特定因素，主要包括企业的组织机构、管理经验、组织能力与管理能力、控制和协调能力等。在上述因素中，行业特定因素对市场内部化的影响最重要。当一个行业的产品具有多阶段生产特点时，如果中间产品的供需通过外部市场进行，则供需双方关系既不稳定，也难以协调，企业有必要通过建立内部市场来保证中间产品的供需。企业特定因素中的组织能力与管理能力也直接影响市场内部化的效率，因为市场交易内部化也是需要成本的。只有组织能力强、管理水平高的企业才有能力使内部化的成本低于外部市场交易的成本，也只有这样，市场内部化才有意义。

（三）内部化理论简评

1. 理论贡献

内部化理论是西方学者跨国公司理论研究的一个重要转折。以前的理论主要研究发达国家（主要是美国）企业海外投资的动机与决定因素，而内部化理论则研究各国（主要是发达国家）企业之间的产品交换形式与企业国际分工及生产的组织形式，认为跨国公司正是企业国际分工的组织形式。

内部化理论属于一般理论，能解释大部分对外直接投资的动因，而其他国际直接投资理论仅从产品或生产要素等某个侧面来分析跨国公司对外直接投资的原因，因此内部化理论不同程度地包含了其他理论。该理论有助于对跨国公司的成因及其对外投资行为的进一步理解。企业将比较内部化的收益与成本，只要市场内部化的收益大于外部市场交易成本和为实现内部化而付出的成本，企业便进行市场内部化。当企业的内部化行为超越国界时，就会产生对外直接投资。

2. 理论局限性

内部化理论的不足之处主要体现在：从跨国企业的主观方面来寻找其对外投资的动因和基础，忽视了国际经济环境的影响因素，如市场结构、竞争力量的影响等；在对跨国公司的对外拓展解释方面，也只能解释纵向一体化的跨国扩展，而对横向一体化、无关多样化的跨国扩展行为则解释不了。

四、国际生产折衷理论

（一）国际生产折衷理论的产生背景

1977 年，英国瑞丁大学教授邓宁（John H. Dunning）在《贸易，经济活动的区位和跨国企业：折衷理论方法探索》中提出了国际生产折衷理论。1981 年，他在《国际生产和跨国企业》一书中对折衷理论又进行进一步阐述。邓宁综合结构性市场不完全因素与自然性市场不完全因素，系统分析了跨国公司的形成及其对外投资行为。该理论被誉为具有高度概括性、广泛涵盖性与适应性的国际直接投资"通论"。

人物介绍

约翰·哈里·邓宁（1927—2009 年），国际投资领域经济学家，英国人。1927 年出生于英国贝德福德郡一个信仰浸信会的家庭。他毕业于伦敦大学学院，1964 年任雷丁大学经济学教授，从而在国际投资理论上以他为中心出现了雷丁学派。邓宁在 FDI 领域有着广泛、深入的研究，在 1977 年提出了著名的国际生产折衷理论。20 世纪 70 年代以后他的足迹遍布各大洲，广泛出席各种商务研讨会并发表演讲，在经济全球化的潮流下，积极地为发展中国家出谋划策，获得了崇高的国际声誉。他曾是联合国贸易和发展工作组的成员，并在 1987 到 1989 年间担任国际商务学会主席。晚年致力于国际资本"道德生态"理论的探索。为了表彰他在学术上的突出贡献，英国于 2008 年授予他 OBE 勋章。

（二）国际生产折衷理论的主要内容

邓宁认为，决定跨国公司行为和对外直接投资的最基本因素有三个，即所有权优势、内部化优势和区位优势，这就是著名的"OLI 模式"。

1. 所有权优势

所有权优势是发生国际投资的必要条件，指一国企业拥有或能获得的国外企业所没有或无法获得的特点优势。其中包括：

（1）技术优势。即国际企业在对外投资中应具有的生产诀窍、销售技巧和研究开发能力等方面的优势。

（2）企业规模。企业规模越大，就越容易对外扩张，这实际上是一种垄断优势。

（3）组织管理能力。大公司具有的组织管理能力与企业家才能，能在对外扩张中得到充分发挥。

（4）金融与货币优势。大公司往往有较好的资金来源渠道和较强的融资能力，从而在直接投资中发挥优势。

2. 内部化优势

内部化优势是为避免不完全市场给企业带来的影响，将其拥有的资产加以内部化而保持企业所拥有的优势。其条件包括：

（1）签订和执行合同需要较高费用；

（2）买者对技术出售价值的不确定；

（3）需要控制产品的使用。

3. 区位优势

区位优势是指被投资的国家或地区对投资者来说在投资环境方面所具有的优势。它包括直接区位优势，即东道国的有利因素；间接区位优势，即投资国的不利因素。

形成区位优势的三个条件：

（1）劳动力成本。一般直接投资会把目标放在劳动力成本较低的地区，以寻求成本优势。

（2）市场潜力。即东道国的市场必须能够让国际企业进入，并具有足够的发展规模。

（3）贸易壁垒。包括关税与非关税壁垒，这是国际企业选择出口或投资的决定因素之一。

（4）政府政策。这是直接投资国家所面临风险的主要决定因素。

国际生产折衷理论进一步认为，所有权优势、区位优势和内部化优势的组合不仅能说明国际企业或跨国公司是否具有直接投资的优势，还可以帮助企业选择国际营销的途径和建立优势的方式。表2-1是邓宁教授提出的选择方案。

表2-1 三种要素的组合

方式	所有权优势	内部化优势	区位优势
国际直接投资	√	√	√
出口	√	√	×
技术转让	√	×	×

根据表2-2，当企业只具备所有权优势，既没有能力使之内部化，也没有能力利用国外的区位优势时，其参与国际经济活动的最好方式是进行许可证贸易，把技术专利转让给国外厂商使用；当企业具备所有权优势，并且有能力使之内部化，却没有区位优势时，与其参与国际经济活动的最好选择是出口商品；当企业同时具备了所有权优势、内部化优势和区位优势时，便可在国际经济活动中选择对外直接投资方式。

（三）国际生产折衷理论简评

1. 理论贡献

邓宁的国际生产折衷理论克服了传统对外投资理论只注重资本流动方面的研究的不足，他将直接投资、国际贸易、区位选择等综合起来加以考虑，使国际投资研究向比较全面和综合的方向发展。

国际生产折衷理论是在吸收过去国际贸易和投资理论精髓的基础上提出来的，既肯定了绝对优势对国际直接投资的作用，也强调了诱发国际直接投资的相对优势，在一定程度上弥补了发展中国家在对外直接投资理论上的不足。

国际生产折衷理论可以说是集西方直接投资理论之大成，是具有较强实用性的国际直接投资"通论"。

2. 理论局限性

国际生产折衷理论所提出的对外直接投资条件过于绝对化，使之有一定的片面性。邓宁强调只有三种优势同时具备时，才能进行跨国投资，现实并非如此，如在现实经济活动中，并不同时具备三种优势的发展中国家的企业同样发展了对外直接投资；该理论从微观上对企业跨国行为进行分析，缺乏从国家利益的宏观角度来分析不同国家企业对外直接投资的动机；对三种优势要素相互关系的分析停留在静态的分类方式上，缺乏随时间变动的动态分析；该理论更适宜于解释大型跨国公司的国际直接投资，不适宜于解释中小企业（没有内部化优势）的对外投资行为，因而该理论不能成为国际直接投资的一般理论。

◢◢◣ 导入案例 2-5

基于国际生产折衷理论分析吉利收购沃尔沃

1. 所有权优势

（1）寻求技术。不可否认，我国的汽车制造企业在大部分以汽车为核心的零部件和其基础材料的研究技术方面几乎没有独立自主的知识产权。相反，如果我国想要汽车企业拥有自己的零部件和专利技术，则需要投入大量的人力和资金，且还不一定成功。通过对沃尔沃的收购，吉利以更低的价格和成本大大缩短了与先进汽车企业的时间和技术差距，并且可以使沃尔沃在更短的时间内获得自己专利技术的"后发优势"，提高其产品的国际知名度和影响力。

（2）寻求规模经济。随着国内外汽车制造和市场竞争的日益加剧，寻找一定的规模经济是吉利降低成本、实现利润最优化、保持最优发展模式的必要条件。跨国收购确实是一条可以在短时间内扩大企业规模的途径。

（3）寻求市场。在全球经济复苏和经济全球化的背景下，许多外国品牌汽车经销商和制造业缺乏平衡市场风险的意识和能力，但是它们在当地依然具备很强的国际影响力，有着较为系统稳定的市场销售和渠道。通过收购沃尔沃，吉利可以充分利用自己在沃尔沃的影响力和品牌资源，迅速扩张其在国际市场的份额，同时向其他世界各国展示自己的汽车品牌和产品。

2. 内部化优势

（1）研发资源的内部化。通过收购，吉利可以将其沃尔沃汽车研发部门的知识和专利技术资源整合应用到研发中，进而大大降低专利技术研发的成本，并逐渐发展形成自己的企业内部化竞争优势。

（2）全球供应链和销售渠道的整合。收购沃尔沃后，吉利可以坐拥沃尔沃在国际上成熟的全球供应链和销售网络，并将这部分市场吸收归纳后内部化，整合市场和产品线，从而更好地满足当地客户的需求，并最大限度地提高企业效益。

3. 区位优势

（1）寻求新的市场。通过收购，吉利可以进一步扩大其国内和欧洲以及国际的销售市场，将其业务范围扩展到世界各地，从而进一步扩大吉利品牌的市场。

（2）寻求技术人才。卓越的人才对于任何一家高新技术研发企业都必不可少，对从事汽车研发和生产的吉利来说更是如此。几十年来，瑞典凭借先进的硬件设施、宽松的移民政策和良好的工作条件，吸引了世界各地的技术精英留驻，这也为吉利收购后的人才储备指明方向。

（3）企业经营环境良好。瑞典的发展得益于拥有世界上最透明、最高效的公共系统之一，其独立的政府也被普遍认为是目前世界上最高效的商业管理政府之一；且瑞典在对知识产权的保护、法规的有效性，以及上市公司对小股东权益的重视和保护程度等方面一直位居世界第一。

资料来源：苏凯鑫，樊艳翔，何承雨. 基于国际生产折衷理论分析中国国际投资——以宜家与吉利为例 [J]. 现代营销（下旬刊），2020（11）：22-23.

五、比较优势理论

（一）比较优势理论的产生背景

比较优势理论是 20 世纪 70 年代中期由日本一桥大学的小岛清教授提出的。小岛清在比较优势理论的基础上，总结出 "日本式对外直接投资理论"，即 "边际产业扩张论"。小岛清认为，海默的垄断优势理论强调垄断优势对直接投资的影响，重视对外直接投资的微观经济因素，而忽视了宏观经济因素的分析，尤其是忽视了国际分工原则。他还认为，两国的劳动和经济资源比率存在差异，导致了比较成本的差异，进而会产生行业间的比较利润率差异，因此应根据比较成本和比较利润率来分析对外贸易和对外直接投资。

（二）比较优势理论的核心内容

比较优势理论的核心是，对外直接投资应该从投资国已经处于或即将陷入比较劣势的产业部门（即边际产业部门）依次进行，而这些产业部门正是东道国具有明显或潜在比较优势的产业部门。

与发展中国家相比，由于劳动力成本的提高，日本的劳动密集型产业已经处于比较劣势，成为 "边际性产业"；同是劳动密集型企业，一些大企业还有较强的比较优势，而中小企业则处于比较劣势，成为 "边际性企业"；在同一企业中，有可能某些部门保持较强的比较优势，而另一些部门则处于比较劣势，成为 "边际性部门"。

（三）比较优势理论的推论

（1）国际贸易理论和国际投资理论可以统一到比较成本理论上进行解释。各国应投资拥有比较优势的产业，并出口其产品，减少或不再投资处于比较劣势的产业，并进口其产品，这样双方均可得到贸易利益。

（2）日本的对外投资是属于贸易创造型的。从比较劣势产业依次对外进行投资，不仅可以带动机器设备的出口，还可以将国外廉价产品返销国内或出口其他国家，东道国国民收入提高后会进口更多的日本产品。

（3）建立在对一种产品或产业基础之上的分析是缺乏科学性的，应从比较成本的角度对两种或两种以上的产品或产业进行分析。

（4）应在比较成本差距较大的基础上进行投资。发达国家之间的投资是建立在比较成本较小的基础上的，很难产生经济效益，应该停止这类投资。

（5）对外投资应从东道国技术差距最小的产业依次进行，这样对双方都会产生更大的比较优势和创造更高的利润。

（四）比较优势理论简评

1. 理论贡献

比较优势理论从投资国的角度来分析对外直接投资的动机，能较好地解释对外直接投资的国家动机，具有开创性和独到之处；用比较成本原理从国际分工的角度来分析对外直接投资活动，较好地解释了第二次世界大战后日本的对外直接投资活动。

2. 理论局限性

比较优势理论的分析以投资国而不是以企业为主体，这实际上假定了所有对外直接投资的企业之间的动机是一致的，都是投资国的动机；该理论无法解释发展中国家对发达国家的逆贸易导向型直接投资；比较优势理论产生的背景是第二次世界大战后初期日本中小企业对外直接投资的状况，无法解释当前投资行业的投资行为，不具有一般性的意义。

◢◣ 导入案例2-6

非洲，迈向新兴或艰难前行？

2014年，英国《泰晤士报》和《经济学人》杂志分别以"新兴非洲"和"非洲，谁将成为世界经济下一个发动机？"为题刊载文章。美国《外交政策》杂志在论及这些文章时，表示上述观点主要是基于"外国直接投资，特别是中国主要在非洲矿产和石油领域投资的增长，以及非洲国内生产总值（GDP）增长率的飞跃""人均收入提高（理论上）""手机用户和电话银行业务爆发式增长"等做出的判断。

从第一次工业革命到亚洲"龙虎"飞腾，再到"金砖五国"（巴西、俄罗斯、印度、中国和南非），经济发展成为工业化的同义词，而制造业是劳动力需求巨大的行业，也是唯一能提供大量计酬和稳定工作岗位的产业，可以减少贫困、释放人口。即使那些自由贸易和比较优势理论的捍卫者鼓吹国内生产总值的提高和贸易量的增长才代表发展，非洲也不能将此永恒的经济常识——第二产业才是经济发展的真正发动机排除在外。看看《泰晤士报》和《经济学人》说明非洲新兴的两条最荒唐的标准：手机用户暴涨和一些非洲人的"资产阶级化"。我们必须反思，非洲的贫困仍是巨大的。矿产和石油开发占了非洲GDP很大一部分，但是就业人口只占不到1%。当然，所有人都很高兴由于这方面收入的增长，并且得益于世界原材料价格的上涨，非洲大陆建设了许多基础设施（医院、学校、公路和公共建筑），但这对失业和财富再分配影响有限。手机用户暴涨只是为跨国公司创造巨大价值、带来大量利润，而这些利润大部分回流到跨国公司总部所在地。这是一场注定不能带来任何增值的"革命"，反而加重了非洲经济的结构性赤字，对其实现工业化没有任何帮助，至少目前看来是这样的。因此，这些报刊之前使用的评价标准不能证明非洲发展已真正启航。真正的发展只能是通过制定和实施更具雄心、更具创造性、能带来更多就业机会的工业政策，以消除非洲大陆数亿贫困失业者。

下面几个数据说明非洲还不是新兴经济体。根据联合国最近出版的非洲和亚洲发展比较报告，非洲制造业增加值占 GDP 比重从 2000 年的 12.8% 下降到 2008 年的 10.5%，而同期的亚洲从 22% 提高到 35%。报告还指出，非洲在世界贸易中的制成品份额可忽略不计，从 2000 年的 1% 仅提高到 2008 年的 1.3%。我们悲伤地看到，非洲极大依赖自然资源的开发以及国际价格的不规则波动，经济缺乏多样性，科学技术非常落后，还是所需制造业产品的主要进口者。为发展第二产业，非洲需要大胆的大陆工业政策和一定的保护主义措施；需要一个清晰、安全、稳定、有利于商业活动的机构安排（法规、税收、就业和贷款等方面），这将吸引更多外国直接投资，特别是投向工业领域，也将使本地企业家充满信心，从而长期投资于生产性行业。为使这些工业政策获得成功，非洲还要克服以下几大障碍：电信质量堪忧、电力紧缺、教育力量薄弱和管理水平低下。克服上述困难将帮助非洲掌握让经济真正腾飞的三项不可或缺的基本要素：科技、金融和制造业。技术的获取可依靠培养著名科学家，以及设立重要的地区或大陆级的研究中心。2011 年，韩国比欧洲注册了更多的发明专利。依靠政策创新和在科研领域的巨额投资，加上领导人的高瞻远瞩，经过多年的人力财力投入，韩国已成为核电站、潜水艇、高铁的出口国，是纳米技术的领头羊，更不用说充斥国际市场的高科技产品。如同新加坡、印度和中国一样，韩国清醒地认识到，技术创新是经济成功的竞争关键。至于非洲，即使在具有巨大优势的可再生能源（太阳能、风能）领域，2011 年其在清洁能源技术专利方面的注册申请不到全球的 1%。在西方和亚洲大型实验室不感兴趣，却杀害了几百万非洲人的重大热带疾病（疟疾、瞌睡病、艾滋病、埃博拉病、镰状细胞性贫血、盘尾丝虫病等）防治的药品专利注册方面，非洲大陆更是完全缺席。金融掌控首先是要实现公共财政的健康、严格和智能管理；其次是设立可吸引家庭储蓄、可吸收多双边金融机构低利率贷款、能为科技创新提供信贷和补贴、能通过优惠贷款和/或参股方式推动企业成长的金融机构；最后还需要对各国央行的职责重新定义，即央行应更深入参与非洲大陆发展政策，特别是工业政策的制定和实施。技术获取和金融掌控将使非洲大陆建立起工业体系，特别是设立许多中小企业和中小机构，它们可以提供大量就业岗位，并使非洲积极介入技术含量较低的世界制造业产品市场，之后再进入高新技术产品市场，从而确保非洲成为真正的世界经济新兴体。

资料来源：非洲迈向新兴或艰难前行？[EB/OL].（2014-03-18）[2021-01-24]. tchad. mofcom. gov. cn/article/ztdy/201403/20140300521445. shtml

第二节　发展中国家的直接投资理论

20 世纪 80 年代以来，发展中国家和部分新兴工业化国家在国际直接投资领域异军突起。至此，如何解释发展中国家对外投资的新趋势，成为主流国际直接投资理论的重大挑战。于是，许多学者另辟蹊径，针对发展中国家的现实和特点，在已有理论基础上研究发展中国家的对外投资现象，并取得了一些阶段性的成果。

一、小规模技术理论

（一）小规模技术理论的产生背景

美国经济学家刘易斯·威尔斯（Louis J. Wells）于 1977 年在《发展中国家企业的国际化》一文中提出小规模技术理论，深入分析发展中国家企业如何获取竞争优势的问题。1983 年，威尔斯在其专著《第三世界跨国公司》中，对小规模技术理论进行了更详细的论述。

（二）小规模技术理论的主要内容

小规模技术理论的中心思想是：发展中国家跨国经营的比较优势来源于小规模生产技术，这种小规模生产技术带来的低生产成本等比较优势能够使发展中国家从境外投资中获得利益。威尔斯认为，发展中国家跨国公司的竞争优势主要表现在以下三个方面：

1. 拥有为小市场需求服务的小规模生产技术

由于低收入国家市场容量有限，大规模生产技术无法从这种小市场需求中获得规模效益，许多发展中国家企业具备满足小市场需求的生产技术而获得竞争优势。这种小规模技术主要表现为劳动密集型，生产灵活性大，适合小批量生产等。发展中国家企业一般在开始时总是从工业国引进技术，然后逐渐加以改造，使之适合于当地市场。

2. "当地采购和特殊产品"给发展中国家带来竞争优势

为减少因进口技术而导致的特殊要素需求，发展中国家企业便寻求用本地原料和零部件进行替代，从而获得成本优势。另外，发展中国家对外投资还呈现出民族文化特点，即为海外同种族进行投资，其生产往往利用母国资源。根据威尔斯的研究，这种民族纽带性的对外投资在印度、泰国、新加坡、马来西亚以及中国台湾和香港等地区的投资中都占有一定比例。

3. 低价产品营销战略

物美价廉是发展中国家跨国公司抢夺市场份额的秘密武器。发达国家跨国公司的产品营销战略往往投入大量广告费用，树立产品形象，以创造名牌产品效应。而发展中国家跨国公司则花费较少的广告支出，采取低价营销战略。

（三）小规模技术理论简评

1. 理论贡献

威尔斯的小规模技术理论被西方理论界认为是该领域研究的具有代表性的作品之一。该理论不仅可以解释发展中国家对发展中国家的直接投资行为，而且可以解释发展中国家对发达国家的带有民族特色行业的直接投资行为。该理论指出，世界市场是多元化、多层次的，即使对那些技术不够先进、经营和生产规模不够大的小企业，参与国际竞争仍有很强的经济动力。

2. 理论局限性

从本质上看，小规模技术理论是技术被动论，威尔斯认为，发展中国家所生产的产品主要是使用降级技术生产在西方国家早已成熟的产品。该理论将发展中国家跨国公司的竞争优势仅仅局限于小规模生产技术的使用，可能会导致这些国家在国际生产体系中的位置永远处于边缘地带和产品生命周期的最后阶段；同时，该理论很难解释一些发展中国家的高新技术企业的对外投资行为，也无法解释当今发展中国家对发达国家的直接投资日趋增长的现象。

二、技术地方化理论

（一）技术地方化理论的产生背景

英国经济学家拉奥（Sanjaya Lall）在 1983 年出版了《新跨国公司：第三世界企业的发展》一书，提出用技术地方化理论来解释发展中国家对外直接投资行为。但与小规模技术理论中暗含的技术被动性不同，拉奥的研究弥补了小规模技术理论的缺陷，指出欠发达国家对外国技术不是一种被动的模仿和复制，而是对技术的消化、改进和创新。

（二）技术地方化理论的主要内容

拉奥深入研究了印度跨国公司的竞争优势和投资动机，认为发展中国家跨国公司的技术特征尽管表现为规模小、使用标准化技术和劳动密集型技术，但这种技术的形成却包含着企业内在的创新活动。

在拉奥看来，发展中国家能够形成和发展自己的独特优势，主要有以下四个因素：

（1）发展中国家技术知识的当地化是在不同于发达国家的环境中进行的，这种新的环境往往与一国的要素价格及其质量相联系。

（2）发展中国家通过对进口的技术和产品进行某些改造，使它们的产品能更好地满足当地或邻国市场的需求，这种创新活动必然形成竞争优势。

（3）发展中国家企业竞争优势不仅来自其生产过程和产品与当地的供给条件和需求条件紧密结合，而且来自创新活动中所产生的技术在小规模生产条件下具有更高的经济效益。

（4）从产品特征看，发展中国家企业往往能开发出与名牌产品不同的消费品，特别是当东道国市场较大、消费者的品位和购买能力有很大差别时，来自发展中国家的产品仍有一定的竞争能力。

因此，拉奥认为，发展中国家也能够根据自身特点发展并拥有"垄断优势"。在引进发达国家的成熟技术之后，发展中国家通过改进，使技术更适应发展中国家的需要，更适应东道国的要素条件和市场需求，即把这种技术知识当地化。在技术知识当地化过程中，企业进行了内在的创新活动，而正是这种创新活动，给发展中国家企业带来了独特的竞争优势。

（三）技术地方化理论简评

拉奥的技术地方化理论不仅分析了发展中国家企业的国际竞争优势，而且更强调形成竞争优势所特有的企业创新活动。在拉奥看来，企业的技术吸收过程是一种不可逆转的创新活动，这种创新往往受当地的生产供给、需求条件和企业特有的学习活动的直接影响。

与威尔斯的小规模技术理论相比，拉奥更强调企业技术引进的再生过程。即欠发达国家对外国技术的改进、消化和吸收不是一种被动的模仿和复制，而是对技术的消化、引进和创新。正是这种创新活动给企业带来新的竞争优势。虽然拉奥的技术地方化理论对企业技术创新活动的描述是粗线条的，但它把发展中国家跨国公司研究的注意力引向微观层次，以证明落后国家企业以比较优势参与国际生产和经营活动的可能性。

三、投资发展周期论

（一）投资发展周期论的产生背景

投资发展周期论由著名国际投资专家邓宁（John. H. Dunning）于1981年提出，其目的在于进一步说明国际生产折衷理论，是国际生产折衷理论在发展中国家的运用和延伸。20世纪80年代初期，邓宁针对折衷理论的缺陷：其一，缺乏动态分析；其二，它的分析对象仅是发达国家的跨国投资，难以对发展中国家对外投资提供科学的解释，进一步发展了上述理论，提出了投资发展周期理论，又称投资发展水平理论。邓宁实证分析了67个国家1967年到1978年间直接投资和经济发展阶段之间的联系，认为一国的国际投资规模与其经济发展水平有密切的关系，人均国民生产总值越高，其对外直接投资净额就越大。

（二）投资发展周期论的主要内容

投资发展周期论的中心命题是：发展中国家对外直接投资倾向取决于经济发展阶段和该国所拥有的所有权优势、内部化优势和区位优势。在该理论中，邓宁按照人均国民生产总值指标将经济发展划分为四个不同的阶段。在不同的阶段，由于其经济发展水平不同，其所有权优势、内部化优势、区位优势都发生相应的变化，导致其对外投资流入量与流出量之间的变化，最终改变其国际投资地位。四个阶段如下：

（1）第一阶段：人均GDP在400美元以下。本国几乎没有所有权优势，也没有内部化优势，外国的区位优势又不能加以利用，因而尚未对外投资，并且外资流入很少。

（2）第二阶段：人均GDP在400~2 500美元。外国投资开始流入，可能会有少数国家的少量投资，其目的在于取得先进技术或"购买"进入本地市场的权力，外国投资净额逐渐增长。

（3）第三阶段：人均GDP在2 500~4 000美元。外国投资和对外投资都在增长，但外国投资净额开始下降。

（4）第四阶段：人均GDP在4 000美元以上。直接投资净输出阶段，本国企业具备了所有权优势、内部化优势和利用外国区位优势的能力，因而对外投资超过外资流入，其净对外投资呈正向增长。

（三）投资发展周期论简评

1. 理论贡献

邓宁的投资发展周期论在某种程度上反映了国际投资活动中带有规律性的发展趋势，即经济实力最雄厚、生产力最发达的国家，往往是资本输出最多、对外直接投资最活跃的国家。该理论采用动态分析法，认为一国的国际投资地位与其人均 GDP 成正比。在分析所有权优势、内部化优势和区位优势的基础上，动态描述了对外投资、吸引外资与经济发展阶段的关系，认为在一国经济发展的不同阶段，由于其经济发展水平不同，该国所拥有的所有权优势、内部化优势和区位优势都在发生相应的变化，导致其对外直接投资流入量和流出量之间的变化，最终改变其国际投资地位。

2. 理论局限性

投资发展周期论与当代国际投资的实际情况有许多不一致之处。现代国际投资实践表明，不仅发达国家对外投资规模不断扩大，而且不少发展中国家和地区的对外投资也很活跃；此外，人均国民生产总值是一个动态数列，仅用一个指标难以准确衡量各国对外投资变动的规律性。

以上是关于发展中国家跨国公司研究的较有代表性的理论。传统的跨国公司理论对于第三世界跨国公司仍具有很强的解释力。当然，发展中国家、第三世界国家与发达国家相比，在各方面毕竟有很多不同，存在一些与发达国家不同的特点，上述发展中国家理论即是对发展中国家的具体问题所做出的补充。

本章小结

本章第一节主要介绍了西方主流的国际直接投资理论，包括垄断优势论、产品生命周期理论、内部化理论、国际生产折衷理论、比较优势理论。在介绍每个理论时，着重介绍了理论产生的背景、理论的主要内容以及对理论的进步性与局限性进行评价。第二节主要介绍了发展中国家的直接投资理论。随着发展中国家对外直接投资的迅速发展，旨在解释发展中国家对外投资行为的发展中国家投资理论不断涌现。比较有代表性的理论有刘易斯·威尔斯的小规模技术理论、拉奥的技术地方化理论以及邓宁的投资发展周期论。

本章思考题

1. 名词解释。
垄断优势 产品生命周期 所有权优势 内部化优势 区位优势
2. 简述垄断优势理论的主要内容。
3. 简述比较优势理论的主要内容。
4. 对产品生命周期论进行评价。
5. 试述发展中国家对外直接投资的适用性理论。
6. 案例分析：试用国际生产折衷理论的有关原理分析海尔的经营战略。

改革开放以来，我国已经形成了一批有竞争力的大中型跨国公司，它们具有雄厚的资金和技术实力，引进国外先进的管理理念，在国际竞争中明显具备所有权优势和内部化优势。例如，海尔集团，就在境外市场竞争中处于比较有利的地位。

（一）海尔的区位优势
海尔在不同市场有不同的区位优势特点，在不同国家建立不同规模或者说不同主打目的的市场基地。比如，海尔选择在美国建立生产基地，主要用意在于美国是全球最大的市场，充满各种机遇和挑战，如果能在美国打下市场，便可顺利地把海尔的生产基地向全世界各个角落延伸。尽管美国市场有很大的机遇，但对于海尔这样初出茅庐的企业来说毕竟获取市场的成本太大，故而海尔需要在全球其他国家选择生产基地，来平衡公司的收入。比如，印度尼西亚、菲律宾、巴基斯坦等国家的市场不算小，同时劳动力等生产成本非常低，还有很多优惠政策，可选择建立生产基地。总之，为了进一步利用全球资源，海尔和不同国家签订了原料和生产等方面的协议。

（二）海尔的内部化优势

随着海尔规模的不断扩大，海尔已经形成固有的海尔文化。在海尔文化的影响下，海尔进行国内大规模的兼并和强强联合。海尔兼并的时候尤其注意那些"休克鱼"，这一点又为海尔的发展减少了风险。在国内达到一定规模的时候，海尔又转向国际市场，在很多国家建立生产基地，充分利用不同国家的优势资源，在全球进行资源整合，将不同国家的资源共享，以充分利用跨国企业的优势。比如，海尔在美国的研究成果可以拿到海尔的其他生产基地，同时也可以在此基础上加以改进，以便更适合当地的市场需求，这样就能够实现规模经济效应和范围经济效应。

（三）海尔的所有权优势

在中国，海尔是品种最多、规模最大的家电企业，是中国制造业最亮丽的一块品牌。它由一家亏损147万元的集体企业变成一个年销售额达几百亿元的跨地区、跨行业、跨所有制和跨国经营的大企业集团。海尔结合美国企业那种由舒展的个性所激发的创造力，日本企业严格的纪律和协同作战的团队意识，以及中国的传统优秀文化，打造了一套属于自己的管理模式。这种模式既能够发挥集体的优势，又有利于个人能力的充分展示，而且能够协调好集体与个人之间的关系。

资料来源：海尔的国际生产折衷理论 [EB/OL].（2018 - 12 - 28）[2021 - 03 - 22].
https：//www. docin. com/p-2162793490. html

第三章

国际投资环境

学习目标

（1）了解国际投资环境的定义及特点。

（2）掌握国际投资环境的分类。

（3）掌握国际投资环境的主要因素。

（4）了解国际投资环境的主要评估方法。

导入案例 3-1

约旦战略论坛发布第七轮"投资者信心"调查

《宪章报》2020 年 10 月 7 日报道，约旦战略论坛发布第七轮"约旦投资者信心"调查，内容包括约旦经济状况、投资环境及吸引力、疫情对商业的影响和投资障碍因素四个方面。

在经济状况方面，对约旦的投资信心略有改善，认为发展方向错误的投资者比例从上一轮的 60% 降至 55%。36% 的投资者认为情况朝正确方向发展，其中又有 36% 将其归因于总体局势稳定，22% 将其归因于疫情期间良好的政府管理，21% 认为是某些措施改善了经济状况。78% 的企业 2020 年经营比 2019 年差，10% 好于 2019 年。大多数投资者对 2021 年的经营感到乐观，53% 的投资者认为经营会更好，23% 的投资者认为持平，24% 的投资者认为经营会恶化。82% 的投资者认为 2020 年经济状况比 2019 年更差，但 49% 的投资者认为 2021 年约旦经济状况会好转。

在投资环境及吸引力方面，认为投资环境令人鼓舞的投资者比例从上轮调查的 30% 增至 34%，认为较差的比例从 68% 降至 63%。28% 的投资者认为约旦投资环境没有吸引力的原因是程序和法律的复杂性及不稳定，24% 认为是价格和税费上涨，20% 认为是恶劣的经济状况。

在疫情对约旦商业的影响方面，58% 的投资者认为经营差于正常情况。78% 的投资者未解雇员工，22% 的投资者解雇了部分员工。45% 的投资者对政府防疫措施表示满意，33% 的投资者表示部分满意，22% 的投资者表示完全不满意。48% 的投资者认为规范社会保障和工人保护措施是正确的，52%的投资者认为不正确；25%的投资者表示措施对投资有利，75%认为不利。36%的投资者认为政府对私营部门的措施足够，64%认为不够。

在投资障碍方面，约27%的表示有意将投资转移到国外，其中又有21%因为当地市场疲软，19%为了改善居住条件并获得更多利润，18%称找到了更好的投资环境，16%因为约旦程序和法律不明确且复杂，11%为了扩大业务。33%的投资者认为减少税收和关税能增加在约投资，18%认为应简化流程及统一投资窗口。

调查报告建议重新评估并扩大政府措施，使其覆盖各行业和各种规模企业，尤其是小型公司。应制订长期计划振兴国民经济，加强自力更生，遏制当地疫情，以提高投资者对约旦投资环境的信心。

资料来源：约旦战略论坛发布第七轮"投资者信心"调查 ［EB/OL］. （2020-10-11）［2021-01-10］. http：//www. mofcom. gov. cn/article/i/jyjl/k/202010/20201003006914. shtml

第一节　国际投资环境概述

一、国际投资环境的定义

国际投资环境是指在国际投资过程中影响跨国企业生产经营活动的各种外部条件或因素相互依赖、相互完善、相互制约所形成的有机统一体，具体来说就是一个国家或地区接受和吸引外商投资所具备的条件。国际投资环境及其变动是国际投资风险的主要来源之一。

国际投资环境是国际投资者所面临的东道国环境的总称，国际投资环境通常由五大因素构成，即自然环境因素、政治环境因素、经济环境因素、法律环境因素和社会文化环境因素。在这些环境因素中，经济环境为基础，政治环境为保障，法律环境是投资环境的"晴雨表"和"风向针"。

二、国际投资环境的分类

国际投资环境按照不同的标准有不同的划分方法，主要包括以下几种：

（一）按因素的多少分类

按其包含因素的多少，可分为狭义的投资环境和广义的投资环境。

狭义的投资环境是指国际投资的经济环境，即一国的经济发展水平、经济发展战略、经济体制、金融市场的完善程度、产业结构、外汇管制和货币稳定状况等。

广义的投资环境除经济环境外，还包括自然、政治、法律、社会文化等对投资产生影响的所有外部因素。本教材所指的投资环境就是广义的投资环境。

（二）按因素的稳定性分类

按因素的稳定性，可分为自然环境因素、人为自然环境因素和人为因素，如表3-1所示。

表 3-1 按稳定性分类的国际投资环境

类别	内容	稳定性
自然环境因素	自然资源 人力资源 地理条件 自然气候 ……	相对稳定
人为自然环境因素	实际增长率 经济结构 市场完备性 劳动生产率 ……	中期可变
人为因素	开放进程 投资刺激 政策连续性 贸易政策 ……	短期可变

（三）按各因素的物质和非物质分类

按各种环境因素所具有的物质和非物质性，可分为物质环境（硬环境）和社会环境（软环境）。这是我国的一般划分方法。

所谓硬环境是指能够影响国际投资的外部物质条件，如能源供应、交通和通信、自然资源、社会生活服务设施等。

所谓软环境是指能够影响国际投资的各种非物质形态的因素，如外资政策、法规、经济管理水平、社会文化传统等。

（四）按社会科学的传统分类

按照社会科学的传统，也即按各因素的属性，可分为自然环境、政治环境、经济环境、法律环境、社会文化环境。这与第一个种类中的广义投资环境的内容是一致的，也是学术界比较通行的看法。

（五）按地域范围分类

按地域范围，可分为国家宏观投资环境和地区微观投资环境。

国家宏观投资环境是指整个国家范围内影响投资的各种因素的总和，它所涉及的变量参数包括国民经济运行指标、社会发展指标、一国或地区的人文情况、政治法律制度以及地缘关系等。国家宏观投资环境决定了社会总体投资流向、投资总量以及投资规模与结构。

地区微观投资环境是指一个地区范围内影响投资的各种因素的总和，是指某个投资项目选址时考虑的具体的自然、经济和社会条件。

三、国际投资环境的特点

国际投资环境在其发展和完善的过程中，主要具有以下一些特点：

（一）客观性

国际投资环境的客观性是指构成国际投资环境的各因素是先于投资行为而客观存在的。比如自然资源、地理位置、政治气氛、开放程度等因素，都是客观存在的。这种投资环境的客观性不仅影响着投资的收益和风险，也决定着对国际投资者的吸引程度。

（二）复杂性

国际投资环境的复杂性是指在国际投资中由于涉及不同币种的兑换、不同国家政策倾向不同、不同国家政治制度和法规等在内的管理方法不同，以及宗教文化不同等，所以在国际投资活动中对待异国雇员的方式和产品的包装等方面要处处注意。

（三）系统性

国际投资环境的系统性是指影响投资活动的各种因素的相互关联性。国际投资环境各要素之间不是互相独立的，而是相互影响、相互渗透、互为条件，构成了一个完整的投资环境系统。

（四）层次性

国际投资环境的层次性是指影响投资活动的各种外部因素存在于不同的空间层次，有国际因素、国家因素、国内地区因素和厂址因素等。

（五）动态性

国际投资环境的动态性是指投资环境是一个动态平衡的开放系统，它总是处在不断的运动和变化之中。比如，构成投资环境的诸因素是不断变化的，有些因素逐步改善，有些因素逐步恶化；投资环境的评价标准也是不断变化的，有些因素会变得越来越重要，有些因素的地位则相对下降。

第二节 国际投资环境的主要因素

国际投资环境的主要因素分为五大类，分别是自然环境因素、政治环境因素、经济环境因素、法律环境因素及社会文化环境因素。下面依次介绍各个因素所包括的具体内容。

一、自然环境因素

自然环境因素是指自然或历史上长期形成的与投资有关的自然、人口及地理等条件，它由地理位置、自然资源、气候、人口等子因素组成。

（一）地理位置

地理位置是指一国或地区在方位上和距离上的空间关系。具体包括以下几个方面的内容：

1. 与投资国的距离

东道国与投资国如果在地理位置上比较接近，往往会为国际投资活动提供很多便利。一方面，两国距离接近，有利于减少运输时间和运输成本；另一方面，毗邻国家间语言、历史、文化、风俗等方面的相似性，也能在一定程度上促进国际投资活动的顺利进行。

2. 与重要国际运输线的距离

如果投资地点接近重要国际运输线，就能极大地减少原材料的运进成本和产成品的运出成本，提高运输效率，吸引广大投资者的投资。基于此，国际投资者在分析投资的可行性时，往往把投资地点是否接近国际重要运输线作为投资决策的重要参考依据之一。比如，香港是世界上经济最开放的地区和著名的国际贸易中心，其凭借优越的地理位置和良好的港口条件，吸引了大量的国际投资。

3. 与资源产地的距离

企业进行生产活动需要大量的原材料和燃料。与资源产地的距离会直接影响企业生产所需的原材料和燃料的运输成本，进而影响企业的经济效益。因此，与资源产地的距离对吸引外资具有重要影响。一般而言，投资者为降低投资成本、提高投资效益，往往会选择那些原材料、燃料价格比较低廉的地区进行投资。

导入案例 3-2

坦桑尼亚投资中心关注标轨铁路投资机会

据《每日新闻》2020 年 9 月 18 日报道，坦投资中心已着手制订计划，发掘并推介坦标准轨距铁路（SGR）带来的投资机会。16 日，投资中心执行董事卡兹博士与坦铁路公司、港务局、税务局、陆路运输监管局等部门代表召开会议，表示标轨铁路的建设伴随着许多其他部门蓬勃发展的投资机会。目前，达累斯萨拉姆至莫罗戈罗段的铁路建设已完成 87%，即将进入最后阶段，因此投资中心决定召开相关政府机构会议，随后再召开一次利益相关者会议。卡兹博士表示，这条铁路的建设目的不仅仅是改善交通运输，也是政府改善投资环境的一部分。坦投资中心认为，发掘确定铁路沿线可以开展的经济活动和投资机会是很重要的。坦铁路公司代表表示将积极配合，使标轨铁路更好地造福公众。

资料来源：坦桑尼亚投资中心关注标轨铁路投资机会 [EB/OL]. (2020-09-26) [2021-01-10]. http://www.mofcom.gov.cn/article/i/jyjl/k/202009/20200903004587.shtml

（二）自然资源

自然资源是指天然存在的各种资源，包括水资源、矿产资源、各种原材料等。自然资源对人类的生产活动具有重要影响，投资国可以大力发挥自然资源在东道国投资环境中的巨大优势，进而吸引大量的国际投资，促进当地的经济发展。一国的自然资源能否在引进外资中发挥重要作用，主要取决于以下两个因素：

1. 资源本身的条件

所谓资源本身的条件，是指一国所拥有的自然资源的数量、质量、品种、分布状况和开采价值等。资源本身的条件在一定程度上可以说是决定东道国对外资吸引力大小的根本因素。投资者只有觉得当地的自然资源数量多、质量好、品种多样、分布状况良好、具有较高的开采价值时，才会选择进行投资。

2. 投资国对国外自然资源的依赖程度

对于那些工业高度发达的国家来说，它们急需大量的资源以满足其日益增长的工业需求，而其本国资源的数量往往是有限的。由于资源的巨大需求已远远超出了其自身的供给能力，这便产生了某些国家（主要是工业国）对外国（主要是发展中国家）资源的严重依赖。

▰▰/\ 导入案例 3-3 ....

沙特阿拉伯矿业发展开拓新领域

据沙特权威英文媒体《阿拉伯新闻》2020 年 9 月 15 日报道，沙专家表示，按照沙"2030 愿景"规划，2030 年，矿业将成为沙第三大支柱产业。沙矿业资源丰富，加之相关部门简化审批手续、提供税收优惠、优化营商环境，将吸引全球投资者来沙投资发展矿业。

沙发展矿业不仅可以带动 GDP 增长，还可以促进偏远地区经济发展、改善当地居民就业和落后面貌，使当地居民共享沙矿业发展成果。如，沙"北方承诺"项目致力于改善北部边境欠发达地区居民生活。项目建设 7 年来已为瓦阿德·沙马尔（Wa'ad Al-Shamal）地区创造 2 万个就业岗位，成为沙矿业中心之一。随着该地磷肥项目的实施，沙将成为世界第二大磷肥生产国和重要出口国。同时，沙还将在当地建设可为 50 余万家庭提供电力的发电设施。瓦阿德·沙马尔将建设成拥有庞大公路、供水网络和卫生、购物、休闲设施的矿业新城。拉斯喀尔（Ras Al-Khair）工业城的建设也是成功案例。该城大型炼铝厂产能为 74 万吨，并于 2016 年开始开采磷肥，现已成为沙东部矿业、发电和居住中心。

沙工矿部负责矿业的次大臣哈立德·穆代费尔（Khalid Al-Mudaifer）表示，瓦阿德·沙马尔矿业新城的成功建设表明，发展矿业与繁荣当地社区可以共生共存、相互促进。他希望通过引入更多境内、外投资，进一步发掘沙矿业潜力，建设更多类似中心。他同时指出，沙各部门将全力支持矿业发展，使沙矿业投资环境不断优化，在地区占有独特优势。

资料来源：沙特阿拉伯矿业发展开拓新领域 [EB/OL].（2020-09-23）[2021-01-12]. http://www.mofcom.gov.cn/article/i/jyjl/k/202009/20200903003485.shtml

（三）气候

气候主要是指投资地域所处的各种气候状况，如温度、湿度等。气候条件会对投资活动的开展产生重要影响。气候宜人的地方，往往温度与湿度适中，人口数量也较多，市场规模往往较大，这些因素都有利于生产效率的提高；反之，气候恶劣的地方，往往人口数量少、市场规模小，不太适宜直接投资。

（四）人口

人口因素主要包括出生率、死亡率、疾病、人口增长率和人口密度。人口因素对国际投资具有重要影响。一方面，人口因素会决定某一产品的需求规模，人口数量越多，产品的需求规模越大；另一方面，人口因素还会决定需求的种类，比如年轻人和老年人对产品的需求种类往往会有很大差异。

▰▰/\ 导入案例 3-4 ....

印尼青年企业家协会支持政府最新通过的《创造就业综合法令》

据印尼安塔拉国家通讯社网站 2020 年 10 月 14 日雅加达消息，印尼青年企业家协会

（Hipmi）总主席马尔达尼日前表示，印尼政府最近通过的《创造就业综合法令》将能创造就业机会并促进中小微企业的发展，同时也有利于改善印尼的投资环境。马尔达尼称，到2025年，印尼的人口红利将带来1.485亿人的新增就业人口，而私营企业将在吸收劳动力方面发挥关键作用。印尼需要私营企业界足够大的投资才能创造充分的就业岗位。人口红利理应为经济带来红利，但如果没有足够的就业机会，则反而会带来灾难。他呼吁各方认真研读《创造就业综合法令》，不要被谣言蛊惑，对法令的不同意见可以通过法律渠道解决。

资料来源：印尼青年企业家协会支持政府最新通过的创造就业综合法令［EB/OL］．（2020-10-14）［2021-01-12］．http：//www.mofcom.gov.cn/article/i/jyjl/j/202010/20201003007850.shtml

二、政治环境因素

政治环境是指东道国的政治体制、政权的稳定性、政策的连续性、执政者的治国能力及政府部门的行政效率、国际关系等构成的政治和社会的综合条件。政治环境因素是投资者进行投资时首先要考虑的一个重要因素，对于投资者而言往往愿意到政治环境稳定的国家或地区进行投资。政治环境因素主要包括以下几方面内容：

（一）政治体制

政治体制包括国家的管理形式、政权组织形式、选举制度、公民行使政治权利的制度等方面。一般来说，政治体制比较健全的国家往往政治上比较民主和开放，政府的决策方式和行为规范也会比较透明，这样的国家一般会对外资持开放的态度；相反，政治体制不健全的国家，在政治上也会比较保守和落后，政府的决策方式和行为规范一般也会缺乏透明性，对外资往往持比较谨慎的态度。

（二）政权的稳定性

政权的稳定性是指执政党在执政过程中不应受到任何内部与外部问题的困扰和动摇，执政党应具有应对一切冲突的应变能力。在国际投资中，政权的稳定性对投资者的区位选择具有重要意义，稳定的政权不仅有利于投资者维护既定的投资利益，也有利于投资者结合本国的具体情况制定长远的投资发展规划，坚定投资者继续在本国进行长期投资的信心。

（三）政策的连续性

政策的连续性是指政府的政策既不受政府正常选举的影响，也不会因为政府的正常更迭而改变。在国际投资中，连续的政府政策往往会引起外国投资者较高的关注。政府政策的连续性越强，表明该国的政治越稳定，越能吸引外国投资者的投资；反之，政府的政策缺乏连续性，则会降低投资者的投资信心，影响投资者的投资积极性。

（四）执政者的治国能力及政府部门的行政效率

执政者的治国能力表现在多个方面，如政府对法制建设的重视、对发展教育事业的重视、对维护社会治安的重视、处理突发事件的能力等。一般而言，执政者的治国能力越强，越有利于为投资者创造稳定的社会政治环境，越有利于吸引外国投资者的投资。政府部门的行政效率，包括行政人员的办事能力和所提供的公共服务的质量等方面。行政人员的办事能力越强、办事效率越高、所提供的公共服务的质量越高，越有利于提高投资者的投资积极性；反之，则不利于吸引投资。

（五）国际关系

国际关系主要是指东道国与邻国的关系、与投资国的关系、与其他国家的关系、在国际组织中的地位及作用等。一般来说，东道国与邻国以及投资国的关系越好、与其他国家的交往越密切、在国际组织中越能发挥重要作用，往往表明该国的投资环境越好，就越能吸引外国投资者的加入。

导入案例 3-5

商务部副部长兼国际贸易谈判副代表王受文与新方共同主持
召开第 30 届中国-新西兰经贸联委会

2020 年 9 月 23 日，第 30 届中国-新西兰经贸联委会以视频会议形式召开，商务部副部长兼国际贸易谈判副代表王受文与新西兰外交贸易部代理副秘书长马克·辛克莱共同主持，中国驻新西兰大使吴玺、新西兰驻华大使傅恩莱出席。

王受文表示，习近平主席 2019 年在会见来访的新西兰总理阿德恩时指出，中方愿和新方共同努力，推动中新关系继续"领跑"中国和西方国家关系。双方在当前特殊时期召开此次会议，体现了两国政府对双边经贸关系的高度重视，展示了双方对扩大互利经贸合作的良好愿望，释放了团结合作、共度时艰的积极信号。中新两国经济高度互补，双边经贸合作潜力巨大。2020 年，中国正在加快构建以国内大循环为主体、国内国际双循环相互促进的新发展格局，深入推进新一轮高水平对外开放，新西兰正进行经济转型，两国经贸合作将迎来新的发展机遇。中方愿同新方一道，不断探索新的合作模式，继续推动双边经贸关系健康稳定发展，为中新两国和全球经济复苏带来新动能，为两国人民带来更多实实在在的利益。

辛克莱表示，新中关系是新西兰最重要的双边关系之一。经贸合作是双边关系的基石，新方高度重视发展对华经贸关系，致力于拓展各领域务实合作。新方感谢中方在抗击疫情领域给予的支持，愿继续与中方加强包括疫苗在内的抗疫合作。新方愿充分利用经贸联委会机制，与中方积极筹划下一阶段合作，深挖合作潜力，培育服务贸易和数字经济合作的新增长点，促进两国和区域经济恢复增长，推动双方务实合作向更高水平发展。新方支持以世贸组织为核心的多边贸易体制，支持对世贸组织进行改革，愿与包括中国在内的各经济体共同维护多边主义和自由贸易，发挥亚太经济合作组织重要作用。

双方一致同意，继续就两国经济形势和政策保持密切沟通，深化"一带一路"框架内合作，推动自贸协定升级进程，保持贸易开放和供应链产业链畅通，营造良好投资环境，扩大农业等领域合作。中方支持新方举办 2021 年亚太经济合作组织会议，双方将继续在多边和区域事务中加强沟通协调。

资料来源：商务部副部长兼国际贸易谈判副代表王受文与新方共同主持召开第 30 届中国-新西兰经贸联委会［EB/OL］.（2019-09-27）［2021-01-15］. http：//www. mofcom. gov. cn/article/zt_ dsgjhz/hzdt/202009/20200903004640. shtml

三、经济环境因素

经济环境是国际投资环境中最直接、最基本的因素。经济环境因素主要包括经济稳定性、经济发展水平、经济体制、收入水平、产业发展状况等方面。

（一）经济稳定性

经济稳定通常是指一国实现充分就业、物价稳定和国际收支平衡，以及经济的持续、稳定、协调发展。对于投资者而言，一国的经济稳定程度是其是否进行投资的重要因素。因为经济的稳定性越强，往往意味着在该国进行投资的预期收益和利润水平越高；而经济稳定状况较差，则会直接影响投资者的投资效果和利润水平，因而会降低投资者的投资意愿。

（二）经济发展水平

经济发展水平是指一个国家经济发展的规模、速度和所达到的水准。反映一个国家经济发展水平的常用指标有国民生产总值、国民收入、人均国民收入、经济发展速度、经济增长速度等。经济发展水平不同的国家，其投资需求和市场结构存在较大的差异。比如，就消费品市场而言，发达国家在市场营销中多注重品质竞争，强调产品的款式、特色和性能；而发展中国家则侧重于产品的功能性和实用性，并通常采取价格竞争这一竞争手段。因此，投资者在进行投资之前必须考虑投资国的经济发展水平，以此为基础制定合适的投资策略。

（三）经济体制

经济体制指一个国家在一定区域内制定并执行经济决策的各种机制的总和，通常指国家经济组织的形式。它规定了国家与企业、企业与企业、企业与各经济部门之间的关系，并通过一定的管理手段和方法来调控或影响社会经济流动的范围、内容和方式等。就国际投资而言，国与国之间的经济体制越近似，经济体制越完善，相互之间的资本流动就越容易进行，从而越有利于国际投资活动的顺利开展。

（四）收入水平

收入水平会直接影响一个国家居民的消费能力和消费水平，进而影响投资者的投资规模和投资收益。收入水平越高的国家，居民的消费意愿和消费能力越强，消费水平也会越高，也就意味着该国具有较强的市场消费潜力，这必然会对外国投资者产生较大的吸引力，促使其不断扩大投资规模。

（五）产业发展状况

产业发展状况是指产业的产生、成长和进化过程，它既包括单个产业的进化过程，又包括产业总体，即整个国民经济的进化过程。东道国的产业发展状况良好，意味着该国具有较强的发展潜力，能够为投资者带来较高的收益，有利于吸引外国投资者的投资。

四、法律环境因素

法律环境是指国家或地方政府颁布的各项法规、法令、条例等。法律环境对国际投资活动的开展具有一定的调节作用。投资者研究并熟悉法律环境，不仅可以保证自身严格依法经营和运用法律手段保障自身权益，还可通过法律条文的变化对投资需求及其走势进行预测。法律环境因素主要包括以下几点：

（一）法律的完备性

法律的完备性主要是指国际投资的法律文件是否完备、健全。完备健全的法律在国际投资环境中具有重要意义，它可以保护投资者的合法权益，减少投资者的顾虑，提高投资者的投资积极性。涉及国际投资方面的法律主要包括公司法、外商投资法、劳动者权益保护法等。具体包括对外资进入的法律规定、对外资经营活动的法律规定、对外资的优惠政策三个方面。

（二）法律的公正性

法律的公正性，是指在执行法律时，能公正地以同一标准对待每一个诉讼主体。

法律的公正性会对投资者产生重要影响，如果一国能够做到严格公正执法，投资者会感觉在该国进行投资时自己的利益能够得到最大限度的保障，这必然会对投资者产生较大的吸引力，促使投资者在该国进行长期投资。

（三）法律的稳定性

法律的稳定性，是指法律在一定时期内不变更的属性。法律是社会关系的调整器，在一定的社会关系内容和性质发生变化之前，如果随意废止或修改相应的法律，则不仅不利于发挥法律社会关系调整器的功能，还会使法律失去规范所具有的行为指导作用。对于国际投资活动而言，如果一个国家的法律朝令夕改，必然会使投资者无所适从，增加投资者的风险，降低投资者的投资意愿。

导入案例 3-6

联合早报社论：印尼总统佐科经济改革步伐阻碍重重

《联合早报》2020 年 10 月 13 日报道：印度尼西亚国会 10 月 5 日快速通过备受争议的《创造就业法案》，引发民间强烈抗议，超过 200 万人走上街头示威。全国 33 个劳工组织以及众多学生、学者批评法案是在缺乏协商的情况下通过的，严重破坏了劳工权益，过于偏向资方，并将削弱环境保护。

印尼政府在这份 900 多页涵盖多项内容的新法中，一口气修订 79 项劳工法，涉及 1 200 个条款，希望借此加快经济改革步伐、改善投资环境以吸引更多外资。《创造就业法案》通过后，即刻引发全国各地抗议示威活动与罢工，最后演变为警民冲突，示威者放火烧毁和破坏多栋建筑、公共设施和警岗，数天骚乱中超过 3 800 人被捕。

印尼总统佐科 10 月 9 日捍卫这项新法，并指抗议者受到社交媒体上假消息的影响。他说，新法没有废除最低工资，也没有废除环境影响评估，大企业投资案仍要经过环境影响评估，中小企业则将以辅导方式使其符合环保规定。佐科认为新法是必要的，因为新冠肺炎疫情已影响到 350 万印尼人的生计，并导致 690 万人失业。佐科政府认为，新法案将通过简化法规、削减烦琐手续，以吸引更多外国的直接投资，这是振兴印尼当前不景气经济的关键。

佐科 2019 年 10 月承诺要在同年年底前修改劳工法吸引外资后，2020 年以来，印尼工人响应工会号召一再示威抗议，要求国会拒绝通过佐科政府提出的改革法案。但劳工改革法案是佐科第二个五年任期的首要任务，他在 2019 年 10 月 20 日宣誓就任时，就立下推动印尼经济发展的宏愿，要在 2045 年也就是印尼独立 100 周年时，让印尼成为全球第五大经济体。

印尼人口有 2.685 8 亿人，每年有 290 万个年轻人进入劳动力市场，加上庞大的失业人口，创造就业机会是佐科政府面对的严峻挑战，这也是印尼九个政党中七个支持这项针对经济改革新法案的原因。但一些分析师则对这项法案的作用持谨慎乐观态度，并认为大规模示威活动将影响当局招商引资的努力，促使投资者重新评估对印尼的投资计划。

佐科曾指出，企业长期抱怨劳工法规定的巨额遣散费、复杂的最低工资制度，以及对雇用和解雇工人设定的限制，这些不友善的劳工法令一日不修，外国投资者将继续选择到其他东南亚国家投资。佐科要尽快将限制经济增长的"手铐"全部取下，但创造亲商环境来吸引投资的阻力不小，印尼之前的总统也曾尝试推出类似新法，但均因工会组织的强烈反对而以失败告终。

新冠肺炎疫情暴发后，印尼经济元气大伤，疫情对印尼经济造成的冲击日益明显，更多印尼人收入减少和失去工作，佐科尝试改变影响广大民众的劳工法令，招致反对是意料之中的事。佐科政府推出简化工资结构、工作时间及工作裁减等条例，让新法令有推行下去的机会，因为它预计最终能创造数百万个就业机会。

新冠肺炎疫情已拖延佐科许多经济政策和基础设施建设计划，如果他坚持在第二任期内大力推动各领域改革，尽管各方阻碍重重，但印尼经济平稳发展，基础设施建设步伐加快，进而提升了整体劳动力素质。

资料来源：联合早报社论：印尼总统佐科经济改革步伐阻碍重重［EB/OL］. (2020-10-13)［2021-01-17］. http://www.mofcom.gov.cn/article/i/jyjl/j/202010/20201003007530.shtml

五、社会文化环境因素

社会文化环境是指在一种社会形态下已形成的信念、价值观念、宗教信仰、道德规范、审美观念以及世代相传的风俗习惯等被社会所公认的各种行为规范。社会文化环境因素主要包括以下几点：

（一）价值观念

价值观念是基于人的一定的思维感官而做出的认知、理解、判断或抉择，也就是人们认定事物、辨定是非的一种思维或取向。人与人之间的价值观念不同，消费习惯和消费方式也会不同，这必然会对整个市场的消费结构和市场规模产生一定的影响。因此，投资者在进行投资决策时要与目标市场消费者的价值观念联系起来，要考虑到不同市场消费者的价值观念差异，在此基础上制定不同的投资策略。

（二）宗教信仰

宗教信仰是指信奉某种特定宗教的人群对其所信仰的神圣对象，由认同崇拜而产生的坚定不移的信念，这种思想信念贯穿于特定的宗教仪式和宗教活动中，并用来指导和规范自己的行为，它属于一种特殊的社会意识形态和文化现象。宗教信仰也是进行国际投资活动时需要考虑的一大因素，比如信仰宗教者通常禁食或禁用某些商品，这些必须引起投资者的注意。

（三）语言和文化传统

由于不同的语言和文化传统所造成的社会观念、消费习惯和思维方式是不同的，因此，语言和文化传统会对国际投资活动产生不同程度的影响。投资国与东道国在语言和文化传统方面的差异越小，往往越有利于双方的沟通和交流，从而越有利于国际投资活动的开展；反之，则可能会阻碍国际投资活动的顺利进行。

（四）风俗习惯

风俗习惯是指个人或集体的传统风尚、礼节、习性，是特定社会文化区域内人们共同遵守的行为模式或规范，主要包括民族风俗、节日习俗、传统礼仪等。由于风俗习惯能在一定程度上影响人们的消费心理和消费习惯，因此也是影响投资者投资活动的一个重要因素。

第三节　国际投资环境的评估方法

投资环境评估是对具体投资环境的一种分析，已成为国际投资活动中不可缺少的一个环节。按照惯例，每个投资者在决定投资活动前都要运用投资环境分析方法，对东道国的投资环境从大到小、从宏观到微观、从规范到实证进行全面的评价。对东道国投资环境进行全面评价，是跨国投资者对外直接投资项目可行性研究和论证的一个重要组成部分。投资环境评价的结论，则是跨国投资者选择对外投资的国别、行业、方式与规模，以及最后制定投资决策的重要依据。

国际投资环境的评估方法有很多，本节对几种常用的评估方法进行介绍，主要包括冷热对比分析法、投资环境等级评分法、加权等级评分法、要素评估分类法、闵氏评估法、成本分析法、投资障碍分析法等。

一、冷热对比分析法

（一）冷热对比分析法的由来

1968 年，美国学者伊尔 A. 利特法克和彼得·班廷根据他们对 20 世纪 60 年代后半期美国、加拿大、南非等国大量工商界人士进行的调查资料，在《国际商业安排的概念构架》一文中提出通过七种因素对各国投资环境进行综合、统一尺度的比较分析，从而产生了投资环境冷热对比分析法。

（二）冷热对比分析法的基本方法

冷热对比分析法的基本方法是：从投资者和投资国的立场出发，选定对投资环境有重要影响的七大因素，据此对目标国逐一进行评估，并将之由"热"至"冷"依次排列，"热国"表示投资环境优良，"冷国"表示投资环境欠佳。

（三）冷热对比分析法的七大因素

冷热对比分析法的七大因素包括：

（1）政治稳定性：一国的政治稳定性高时，这一因素为"热"因素。

（2）市场机会：一国的市场机会大时，为"热"因素。

（3）经济发展和成就：一国的经济发展快、成就大，为"热"因素。

（4）文化一体化：指一国国内各阶层的人民的相互关系以及风俗习惯、价值观、宗教信仰等方面的差异程度。文化统一时，为"热"因素。

（5）法令阻碍：指一国法律的完善、繁简程度给企业带来的困难，以及对今后工商环境造成的影响。法令阻碍大时，为"冷"因素。

（6）实质阻碍：一国的自然条件，如地形、地理位置、气候、降雨量、风力等，往往会对企业的有效经营产生阻碍。实质阻碍高时，为"冷"因素。

（7）地理及文化差距：两国距离遥远，文化、社会观念及语言上有差异，都会对沟通和联系产生不利影响，妨碍思想交流。地理及文化差距大时，为"冷"因素。

在上述多种因素的制约下，一国投资环境越好，即"热国越热"，外国投资者在该国的投资参与比重就越大；相反，若一国投资环境越差（即"冷国"），则该国的外资投资比重就越小。

冷热对比分析法是最早的一种投资环境评估方法，虽然在因素（指标）的选择及其评判上过于笼统和粗糙，但它却为评估投资环境提供了可利用的框架，为以后投资环境评估方法的形成和完善奠定了基础。

二、投资环境等级评分法

（一）投资环境等级评分法的定义

投资环境等级评分法，又称等级评分法或多因素分析法，是美国经济学家罗伯特·斯托鲍夫提出的，因此也称罗氏等级评分法。这种方法从东道国政府对外国直接投资者的限制和鼓励政策着眼，具体分析了影响投资环境的各种微观因素。

这些因素分为八个关键项目。根据八项关键项目所起作用和影响程度的不同而确定不同的等级分数，又把每一大因素再分为若干个子因素，按有利或不利的程度给予不同的评分，最后把各因素的等级得分加总，作为对其投资环境的总体评价。总分越高，表示其投资环境越好；总分越低，则表示其投资环境越差。

（二）投资环境等级评分法的八大因素

投资环境等级评分法的八大因素包括货币稳定性、近5年通货膨胀率、资本外调、外商股权、外国企业与本地企业之间的差别待遇和控制、政治稳定性、当地资本供应能力、给予关税保护的态度。在这八大因素中，罗伯特又把每一个因素分解为若干子因素，然后根据各个因素对投资环境的有利程度予以评分，满分为100分，具体如表3-2所示。

表3-2 投资环境等级评分法

考察因素	评分/分
1. 货币稳定性	4 ~ 20
自由兑换货币	20
官价和黑市价之差不超过10%	18
官价和黑市价之差在10% ~40%	14
官价和黑市价之差在40% ~100%	8
官价和黑市价之差超过100%	4
2. 近5年通货膨胀率	2 ~14
低于1%	14
1% ~3%	12
3% ~7%	10
7% ~10%	8
10% ~15%	6
15% ~35%	4
超过35%	2

考察因素	评分/分
3. 资本外调	0 ~ 12
无限制	12
有时限制	8
对资本外调有限制	6
对资本和利润收入有限制	4
严格限制	2
完全不准外调	0
4. 外商股权	0 ~ 12
允许占100%，并表示欢迎	12
允许占100%，但并不表示欢迎	10
允许占多数股权	8
允许最多占50%	6
只允许占少数	4
只允许占30%以下	2
完全不允许外商控制股权	0
5. 外国企业与本地企业之间的差别待遇和控制	0 ~ 12
对外国企业与本地企业一视同仁	12
对外国企业略有限制但无控制	10
对外国企业不限制但有若干控制	8
对外国企业有限制并有控制	6
对外国企业有些控制，且有严格限制	4
严格限制与控制	2
根本不准外国人投资	0
6. 政治稳定性	0 ~ 12
长期稳定	12
稳定，不过依赖某一重要人物	10
稳定，但要依赖邻国的政策	8
内部有纠纷，但政府有控制局面的能力	6
来自国内与国外的强大压力对政策有影响	4
有政变或发生根本变化的可能	2
不稳定，极有可能发生政变	0
7. 当地资本供应能力	0 ~ 10
发达的资本市场，公开的证券交易	10
有部分本地资本投资证券市场	8
有限的资本市场，缺乏资本	6
有短期资本	4
对资本有严格限制	2
资本纷纷外逃	0

考察因素	评分/分
8. 给予关税保护的态度	2 ~ 8
全力保护	8
有相当保护	6
有些保护	4
非常少或无保护	2
总计	8 ~ 100

（三）投资环境等级评分法的优缺点

投资环境等级评分法的优点主要体现在：投资环境等级评分法所选取的都是对投资环境有直接影响、投资决策者最关心的因素，同时又都具有较为具体的内容，评价时所需的资料易于取得又易于比较，一般的投资者都可以使用。

投资环境等级评分法的缺点主要体现在：首先，评分内容有待完善。投资环境等级评分法没有考虑影响项目建设和企业生产经营的外部因素，例如，投资地点的基础设施、法律制度、行政机关的办事效率等。其次，评分标准有待完善。投资环境等级评分法的各项因素难以适当加权，而且有些因素可能具有决定性作用。投资环境等级评分法中所涉及的评分标准只适合一般性投资评估，不能单纯用这个评分方法来进行说明并下结论。

三、加权等级评分法

加权等级评分法是投资环境等级评分法的演进，该方法由美国学者威廉·A. 戴姆赞于1972 年提出。按照这种方法，企业在运用这种方法时大体可以分为三个步骤：

（1）对环境因素的重要性进行排列，并列出相应的重要性权数；

（2）根据各环境因素对投资环境产生不利影响或有利影响的程度进行等级评分，每个因素的评分范围都是从0（完全不利的影响）到100（完全有利的影响）；

（3）将各种环境因素的实际得分乘以相应的权数，并进行加总。具体形式如表3-3所示。

表3-3　加权等级评分法

按重要性排列的环境因素	A 国			B 国		
	（1）重要性权数	（2）等级评分 0~100/分	（3）加权等级评分（1）×（2）	（1）重要性权数	（2）等级评分 0~100/分	（3）加权等级评分（1）×（2）
1. 财产被没收的可能性	10	90	900	10	55	550
2. 动乱或战争造成损失的可能性	9	80	720	9	50	450
3. 收益返回	8	70	560	8	50	400

按重要性排列的环境因素	A 国			B 国		
	（1）重要性权数	（2）等级评分 0～100/分	（3）加权等级评分 （1）×（2）	（1）重要性权数	（2）等级评分 0～100/分	（3）加权等级评分 （1）×（2）
4. 政府的歧视性限制	8	70	560	8	60	480
5. 在当地以合理成本获得资本的可能性	7	50	350	7	90	630
6. 政治稳定性	7	80	560	7	50	350
7. 资本的返回	7	80	560	7	60	420
8. 货币的稳定性	6	70	420	6	30	180
9. 价格稳定性	5	40	200	5	30	150
10. 税收水平	4	80	320	4	90	360
11. 劳资关系	3	70	210	3	80	240
12. 政府给予外来投资的优惠待遇	2	0	0	2	90	180
加权等级总分	5 360	4 390				

四、要素评估分类法

要素评估分类法是一种定量评估方法。它是将硬环境和软环境因素归纳为八大类，依据各类因素间的相关性，提出如下经济模型：

$$I = \frac{AE}{CF}(B + D + G + H) + X$$

式中，X 是一个随机变量，其值可正可负。八大指标因子中，B（城市规划完善度因子）、D（劳动生产率因子）、G（市场因子）、H（管理权因子）地位基本相同，而 A（投资环境激励系数）、E（地区基础因子）、C（利税因子）、F（效率因子）的地位较为特殊，投资环境因素中 A 和 E 的改善，能够优化投资环境；C、F 的作用方向相反。

按照上述公式求出的准数值 I 越高，表明投资环境越好，预期的投资收益越高。这种方法能比较顺利、定性地评估投资环境的优劣。

五、闵氏评估法

香港中文大学闵建蜀教授在投资环境等级评分法的基础上提出了两种有密切联系而又有一定区别的投资环境考察方法——闵氏多因素评估法和闵氏关键因素评估法。

（一）闵氏多因素评估法

闵氏多因素评估法是对某国投资环境作一般性的评估所采用的方法，它较少从具体投资项目的投资动机出发来考察投资环境。投资环境总分的取值范围在 11~55 分。越接近 11，说明投资环境越差；越接近 55，说明投资环境越好。

闵氏多因素评估法将影响投资环境的因素分为 11 类，分别为政治环境、经济环境、财务环境、市场环境、基础设施、技术条件、辅助工业、法律制度、行政机构效率、文化环境、竞争环境，每一类因素又由一组子因素组成，如表 3-4 所示。

表 3-4　闵氏多因素评估法的主要因素及其子因素

影响因素	子因素
一、政治环境	政治稳定性，国有化可能性，当地政府的外资政策等
二、经济环境	经济增长，物价水平等
三、财务环境	资本与利润外调，汇率，融资的可能性等
四、市场环境	市场规模，分销网点，营销的辅助机构，地理位置等
五、基础设施	通信，交通运输，外部经济等
六、技术条件	科技水平，适合工资的劳动生产力，专业人才的供应等
七、辅助工业	辅助工业的发展水平、配套情况等
八、法律制度	商法、劳工法、专利法等各项法律是否健全，执法是否公正等
九、行政机构效率	机构的设置，办事程序，工作人员的素质等
十、文化环境	当地社会是否接纳外资公司及对其的信任与合作程度，外资公司是否适应当地社会风俗等
十一、竞争环境	当地竞争对手的强弱，同类产品进口额在当地市场所占份额等

（二）闵氏关键因素评估法

闵氏关键因素评估法与闵氏多因素评估法不同，它从具体投资动机的角度出发，从影响投资环境的一般因素中，找出影响具体项目投资动机实现的关键因素，根据这些因素，对某国的投资环境做出评价。具体如表 3-5 所示。

表 3-5　闵氏关键因素评估法

投资动机	影响投资的关键因素
降低成本	适合当地工资水平的劳动生产率，土地费用，原材料与元件价格，运输成本
发展当地市场	市场规模，营销辅助机构，文化环境，地理位置，运输条件，通信条件
材料和元件供应	资源，当地货币汇率的变化，当地的通货膨胀，运输条件
风险分散	政治稳定性，国有化可能性，货币汇率，通货膨胀率
追随竞争者	市场规模，地理位置，营销的辅助机构，法律制度等
获得当地生产和管理技术	科技发展水平，劳动生产率

闵氏关键因素评估法的具体评价方法如下：首先，了解投资者所要达到的特定目标，并确定与之密切相关的环境因素；其次，确定关键因素重要性的比重、评分等级，并选择若干个国家和地区作为投资地点；最后，进行评估打分，算出结果。以发展当地市场这一投资动

机为例，其关键因素评分表如表3-6所示。

表3-6　关键因素评分表

分

国家或地区	市场规模 (0.4)	营销辅助机构 (0.2)	文化环境 (0.1)	地理位置 (0.1)	运输条件 (0.1)	通信条件 (0.1)	评分
A	8	5	6	4	4	5	6.1
B	7	6	5	4	6	4	5.9
C	9	6	6	5	3	4	6.6

闵氏关键因素评估法只是对具有特定目标和要求的投资环境进行评价，因而存在一定的片面性，并不能代替一般性评价。一般是先采用闵氏多因素评估法进行投资环境的整体性评价，再使用闵氏关键因素评估法对特定因素进行评价，这样有助于加强评价的全面性、客观性和正确性。可以说，闵氏多因素评估法与闵氏关键因素评估法互为补充，运用闵氏评估法既可以得到对投资环境的整体性评价结论，又能得到具体投资项目的专门评估结论，从而实现了一般与特殊的结合。

六、成本分析法

成本分析法是西方常用的一种评估方法。这一方法把投资环境的因素均折合为数字作为成本的构成，然后比较成本的大小，得出是否适合进行投资的决策。英国经济学家拉格曼对此作了深入的研究，提出了"拉格曼公式"。

设：C 为投资国国内生产正常成本；

C^* 为东道国生产正常成本；

M^* 为出口销售成本（包括运输、保险和关税等）；

D^* 为技术专利成本（包括泄露、仿制等）；

A^* 为国外经营的附加成本。

则：$C+M^*$ 为直接出口成本；

C^*+A^* 为建立子公司、直接投资的成本；

C^*+D^* 为转让技术专利、国外生产的成本。

比较这三种成本的大小，有以下三组六种关系：

$C+M^*<C^*+A^*$ 选择直接出口，因为直接出口比对外直接投资有利；

$C+M^*<C^*+D^*$ 选择直接出口，因为直接出口比转让技术专利有利；

$C^*+A^*<C+M^*$ 建立子公司，因为直接投资比直接出口有利；

$C^*+A^*<C^*+D^*$ 建立子公司，因为直接投资比转让技术专利有利；

$C^*+D^*<C^*+A^*$ 转让技术专利，因为转让技术专利比对外直接投资有利；

$C^*+D^*<C+M^*$ 转让技术专利，因为转让技术专利比直接出口有利。

其中，只有在第二组情况下适于做出投资决策。

七、投资障碍分析法

投资障碍分析法是依据潜在的阻碍国际投资运行因素的多寡与程度来评价投资环境优劣

的一种方法。这是一种简单易行的、以定性分析为主的国际投资环境评估方法。

其要点是：列出国外投资环境中阻碍投资的主要因素，并在所有潜在东道国中进行对照比较，以投资环境中阻碍因素的多与少来断定其好与坏。阻碍国际投资顺利进行的障碍因素主要包括以下 10 类：政治障碍、经济障碍、资金障碍、人力资源障碍、国有化风险障碍、歧视性政策障碍、政府干预障碍、进口限制、法律及行政制度障碍、外汇管制，如表 3-7 所示。

表 3-7　投资障碍分析法的评估因素

因素	评价内容
政治障碍	政治制度与投资国不同；政局动荡不稳
经济障碍	经济停滞或增长缓慢；外汇短缺；劳动力成本高；通货膨胀和货币贬值；基础设施差；原材料等基础行业薄弱
资金障碍	资本数量有限；没有完善的资本市场；资金融通困难
人力资源障碍	技术人员和熟练工人短缺
国有化风险障碍	国有化政策与没收政策
歧视性政策障碍	禁止外资进入某些行业；对当地的股权比例要求过高；要求有当地人参与企业管理；要求雇用当地人员，限制外籍人员数量
政府干预障碍	国有企业参与竞争；物价管制；要求使用本地原材料
进口限制	限制工业制品进口；限制生产资料进口
法律及行政制度障碍	东道国国内法律、法规不健全；没有有效的仲裁制度；行政管理效率低；贪污受贿行为严重
外汇管制	一般外汇管制；限制资本和利润汇回；限制提成费汇回

投资障碍分析法立足于障碍因素分析，能够迅速、便捷地对投资环境做出判断，并减少评估过程中的工作量和费用。但这种评估方法仅根据个别关键因素做出判断，不符合风险决策规律，有时会使公司对投资环境的评估失之准确，从而丢失一些好的投资机会。

本章小结

本章第一节主要介绍了国际投资环境的定义、分类及特点。国际投资环境是指在国际投资过程中影响跨国企业生产经营活动的各种外部条件或因素相互依赖、相互完善、相互制约所形成的有机统一体。国际投资环境按照不同的标准有不同的划分方法，按其包含因素的多少，分为狭义的投资环境和广义的投资环境；按照各因素的稳定性，分为自然环境因素、人为自然环境因素和人为因素；按照各种环境因素所具有的物质和非物质性，分为物质环境和社会环境；按照社会科学的传统分类，分为自然环境、政治环境、经济环境、法律环境、社会文化环境；按照地域范围，分为国家宏观投资环境和地区微观投资环境。国际投资环境具有客观性、复杂性、系统性、层次性、动态性的特点。第二节介绍了国际投资环境的主要因素，具体包括自然环境因素、政治环境因素、经济环境因素、法律环境因素及社会文化环境因素。第三节详细论述了国际投资环境的几种评估方法，包括冷热对比分析法、投资环境等级评分法、加权等级评分法、要素评估分类法、闵氏评估法、成本分析法、投资障碍分析法。

本章思考题

1. 名词解释。

国际投资环境　硬环境　软环境冷热对比分析法　投资环境等级评分法

2. 简述国际投资环境有哪几种划分方法。

3. 论述国际投资环境的主要因素及其主要内容。

4. 运用投资环境等级评分法和要素评估分类法对当前新加坡的投资环境进行评价。

5. 案例分析：阅读以下材料，讨论在当前形势下各国之间应如何加强合作，以便为国际投资活动的顺利开展创造良好的环境。

2020年11月21日至22日，G20领导人第十五次峰会以视频方式举行。习近平主席出席会议并发表重要讲话。峰会发表宣言，取得一系列重要共识，展现了G20成员合作应对挑战的坚定信心，为促进全球经济复苏注入了强大动力。

经贸合作是G20合作的重要支柱。面对新冠肺炎疫情暴发蔓延、国际贸易投资大幅下降的严峻形势，G20贸易部长迅速行动起来，深入落实领导人特别峰会共识，先后三次举行会议，就加强国际抗疫合作、维护全球产业链供应链稳定、推动贸易投资可持续增长达成9份成果文件，为本次峰会做了经贸方面的准备。

在成员共同努力下，本次峰会在经贸领域取得了以下五方面重要成果：一是批准《G20应对新冠肺炎、支持全球贸易投资集体行动》，同意在加强政策协调、提高贸易便利、促进国际投资、畅通物流网络等8个领域采取38项具体合作举措；二是达成维护多边贸易体制的重要共识，形成"关于世贸组织未来的利雅得倡议"，重申世贸组织目标和原则，推进世贸组织必要改革；三是承诺保持市场开放，确保公平竞争，营造自由、公平、包容、非歧视、透明、可预期、稳定的贸易投资环境；四是承诺提高全球供应链可持续性和韧性，帮助发展中国家和最不发达国家更好融入贸易体制；五是制定政策指南，鼓励中小微企业积极参与国际贸易投资，促进经济包容增长。

G20是世界主要经济体的代表，经济总量占全球GDP的86%，人口占世界的65%。12年前，G20领导人峰会机制为应对全球金融危机而生；12年后的今天，国际社会再次面临共同挑战，亟须G20继续发挥引领作用，加强国际合作，共同战胜疫情，推动经济发展。中方愿同G20所有成员一道，深入落实本次峰会成果共识，继续坚定支持多边主义和自由贸易，反对保护主义和单边主义，维护全球产业链供应链稳定顺畅，帮助支持发展中国家，推动世界经济实现强劲、可持续、平衡、包容复苏，以实际行动践行人类命运共同体理念。

资料来源：商务部国际司负责人解读二十国集团领导人第十五次峰会经贸成果 [EB/OL]. (2020-11-30) [2021-01-20]. http://www.mofcom.gov.cn/article/i/jyjl/l/202011/20201103019045.shtml

---

第四章

国际直接投资

学习目标

（1）掌握国际直接投资的特征与分类。

（2）了解国际合资经营、国际合作经营与国际独资经营企业的特征。

导入案例 4-1

多国疫情反复冲击持续，世界经济停摆，复苏难期

中国银行研究院发布的 2020 年第二季度《全球经济金融展望报告》分析指出，6 月以来美国和部分新兴市场国家新增确诊人数激增，表明新冠肺炎疫情仍存在不断反复的风险，这将导致经济停摆的时间延长，增加市场动荡和后续复苏的难度；同时，疫情也加快了全球经济金融格局调整的进程。

2020 年第二季度，随着疫情在全球的扩散及其冲击的加剧，世界经济下滑程度加大，陷入深度衰退。尽管主要经济体出台了规模空前的刺激政策，全球经济不至于陷入 20 世纪 30 年代的"大萧条"局面，但较 2008 年国际金融危机时期仍严重数倍。

在需求方面，国际贸易和投资大幅萎缩，企业裁员、收入下降削弱居民消费。联合国贸发会议（UNCTAD）估计，一季度全球商品贸易环比下滑 5.0%，二季度环比再跌 27%；国际直接投资大幅下降，其中一季度公布的绿地投资数量较 2019 年季度均值下降了 37%，4 月份的跨国并购数量较 2019 年月度均值下降了 35%，全年外国直接投资（FDI）流量将减少至 1 万亿美元以下（下滑幅度不超过 40%），连续第五年出现负增长。

在供给方面，人员缺位、物流阻滞、零库存管理导致全球供应链多环节受阻，部分行业面临产业链断裂风险。其中，对全球价值链高度依赖的产业，如汽车、光电子行业受影响最大，对航空行业收入影响最大，平均收入降幅超过 40%。

从先行指标看，摩根大通全球综合采购经理指数（PMI）从 2020 年 2 月起持续数月低于荣枯线，其中 4 月份和 5 月份 PMI 甚至降至 26.2 和 36.3，为近 11 年来最低的两个月。展望三季度，随着欧美等主要经济体逐渐复工复产，前期各国宽松财政和货币政策逐渐发挥效

用，企业生产和居民消费将缓慢回升，全球经济下滑幅度可能收窄。初步估计，二季度全球国内生产总值（GDP）环比增长折年率为-30.4%，较一季度下降24个百分点。

资料来源：多国疫情反复冲击持续，世界经济停摆，复苏难期［EB/OL］.（2020-07-4）［2021-01-11］. http：//www. mofcom. gov. cn/article/i/jyjl/e/202007/20200702980174. shtml

■■■\ 导入案例4-2 ....

2020年第三季度韩国吸引外商直接投资创新高

韩联社首尔2020年10月13日电，韩国产业通商资源部（产业部）13日表示，以申报额为准，初步核实2020年第三季度韩国吸引外商直接投资（FDI）52.3亿美元，同比增加43.6%，创历史新高。

同期，实际到位外资同比增加83.1%，为31.2亿美元，在历年第三季度中规模排行第三。2020年前三季度累计外商直接投资额同比减少4.4%，为128.9亿美元，但累计实际到位外资同比增加1.4%，为79.9亿美元。

汽车、半导体、显示器等尖端材料、零部件和设备吸引的外商直接投资额（以下均以申报额为准）同比增加一倍以上。针对无人驾驶汽车、机器人、人工智能和大数据等新产业领域的直接投资额也在增加，带动第三季度指标呈恢复趋势。

按流入地来看，中国、新加坡、马来西亚等大中华区部分国家对韩直接投资额达40.5亿美元，同比增加47.8%。其中，中国内地的投资额同比增加172.5%，为12.5亿美元。相反，美国、欧盟和日本对韩直接投资额同比减少20%~50%。

产业部方面表示，中国的疫情形势较早趋稳，推动中国投资者扩大对韩直接投资规模。得益于线上吸引投资活动和企业合并，外商直接投资的恢复势头可能会持续到下半年，但疫情出现反弹导致投资指标恶化的隐患犹存。

资料来源：2020年第三季度韩国吸引外商直接投资创新高［EB/OL］.（2020-10-13）［2021-01-11］. http：//www. mofcom. gov. cn/article/i/jyjl/j/202010/20201003007478. shtml

第一节　国际直接投资概述

一、国际直接投资的含义

国际直接投资（FDI）是与国际间接投资相对应的一个概念，是指投资者为了在国外获得长期的投资效益并拥有对企业或公司的控制权和经营管理权而进行的在国外直接建立企业或公司的投资活动，其核心是投资者对国外投资企业的控制权。

二、国际直接投资的分类

按照不同的划分标准，国际直接投资可以划分为不同的类型。

（一）横向型投资、垂直型投资和混合型投资

按母公司和子公司的经营方向是否一致，国际直接投资可以分为横向型、垂直型和混合

型三种类型。

1. 横向型投资（Horizontal Investment）

横向型投资也称水平型投资，是指母公司将在国内生产的同样产品或相似产品的生产和经营扩展到国外子公司进行，使子公司能够独立完成产品的全部生产和销售过程。一般用于机械制造业和食品加工业。

2. 垂直型投资（Vertical Investment）

垂直型投资也称纵向型投资，是指一国企业到国外建立与国内的产品生产有关联的子公司，并在母公司与子公司之间实行专业化协作。具体来讲，它又可细分为两种形式：子公司和母公司从事同一行业产品的生产，但分别承担同一产品生产过程中的不同工序，多见于汽车、电子行业；子公司和母公司从事不同行业，但是它们互相关联，多见于资源开采和加工行业。

3. 混合型投资

某一企业到国外建立与国内生产和经营方向完全不同，生产不同产品的子公司，即为混合型投资。目前只有少数巨型跨国公司采取这种形式。例如，美国的埃克森美孚化工公司不仅投资于石油开采、精炼和销售，还投资于石油化学工业、机器制造业、商业和旅游业等。

▰▰ 导入案例 4-3

宝马公司的混合型投资

宝马（Bayerische Motoren Werke，BMW）是驰名世界的汽车生产企业，也被认为是高档汽车生产业的先导。宝马公司创建于1916年，总部设在德国慕尼黑，最初是一家飞机发动机制造商，1917年还是一家有限责任公司，1918年更名为巴伐利亚发动机制造股份公司并上市。

在初创阶段，宝马公司主要致力于飞机发动机的研发和生产。BMW的蓝白标志象征着旋转的螺旋桨，这正是公司早期历史的写照。1923年，第一部BMW摩托车问世。1928年，BMW收购了埃森那赫汽车厂，并开始生产汽车。近百年来，它由最初的一家飞机发动机生产厂发展成如今以高级轿车为主导，并生产享誉全球的飞机引擎、越野车和摩托车的集团。

宝马作为国际汽车市场上的重要成员，其业务遍及全世界120个国家。1994年4月，宝马公司在北京设立了代表处。

宝马公司发展历程：

1916年，创建利亚飞机制造股份公司——宝马公司的前身。

1917年，飞机制造股份公司与发动机制造股份公司合并为巴伐利亚发动机制造股份公司。

1923年，开始生产摩托车。

1928年，收购埃森那赫汽车厂，开始生产汽车。

1990年，与劳斯莱斯公司合资生产航空发动机。

1994 年，兼并陆虎集团（英国）。

1998 年，购得劳斯莱斯汽车品牌。

2001 年，与宝姿集团联手，授权宝姿生产带有宝马标志的服装产品。

2003 年，和华晨汽车集团控股有限公司合作，在中国预制零件。

2004 年，宝马全球供货中心在慕尼黑开始建设。

2007 年，宝马全球供货中心建成。

资料来源：根据宝马公司官网资料整理

（二）绿地投资和跨国并购

按投资者是否创办新企业，国际直接投资可分为绿地投资和跨国并购两种类型。

1. 绿地投资

绿地投资（Greenfield Investment）也称新建投资，是指某一个外国投资主体，包括自然人和法人，按照东道国的法律或相关政策，在东道国设立的全部或部分资产所有权归该外国投资主体的方式。早期跨国公司的海外业务拓展基本上采用这种方式。绿地投资有两种形式，可以是外国投资者投入全部资本，在东道国设立一个拥有全部控制权的企业，也可以是由外国投资者与东道国的投资者共同出资，在东道国设立一个合资企业，但是这两种形式都是在原来没有的基础上新建的企业。

2. 跨国并购

跨国并购（Cross-border Mergers and Acquisitions，M&A）是指外国投资者通过一定的法律程序取得东道国某企业的全部或部分所有权的投资行为。跨国并购现在已发展成设立海外企业的一种主要方式。按照联合国贸易与发展会议（UNCTAD）的定义，跨国并购包括外国企业与境内企业合并；收购境内企业的股权在 10% 以上，使境内企业的资产和经营的控制权转移到外国企业。跨国并购是国内企业并购的延伸。跨国公司采取并购的方式进行直接投资，其动机包括：扩大生产经营规模，实现规模经济，追求更高的利润回报；消灭竞争对手，减轻竞争压力，增加产品或服务的市场占有份额；迅速进入新的行业领域，实现企业的多元化和综合化经营等。

◢◤ 导入案例 4-4

跨国并购与绿地投资的选择

决定企业以何种方式进入国外市场的因素可以从三大方面来概括：企业本身的微观因素、企业所处行业的中观因素以及国家层面的宏观因素。

1. 不同的微观情境中投资方的进入模式决策

不同的微观因素影响着投资方进入一国市场模式的选择。一般来说，母国企业的发展战略或者发展目标决定着其是否进入某个国外市场以及如何进入。如果投资方的发展战略是建立组织紧密的国际化企业，那么选择绿地投资的可能性就比较大；如果投资方的发展战略是快速扩大企业规模或快速占领国外市场等，那么选择跨国并购的可能性就比较大。

· 62 ·

2. 不同的中观情境中投资方的进入模式决策

不同行业中技术水平、品牌知名度和销售力量等特点对跨国市场进入模式的影响不同。被称为上游能力的技术资源可以产生于母国，但很容易在全球范围内应用，具有可转移性；但被称为下游能力的营销网络、品牌、知名度等资源一般只能产生于当地，并应用于当地，可转移性很弱。对于上游能力来说，如果东道国企业在技术资源上具有相对优势，那么适于采取跨国并购的方式。此时以并购的方式进入东道国市场，母国企业可以结合自己的优势，直接利用当地的外部营销资源和内部经营管理模式。也就是说，在母国技术密集度越高的企业，越适合采取并购方式进入境外市场；相反，如果母国企业的相对技术密集度越低，就越适于采取绿地投资的方式。

下游资源往往是东道国企业拥有的相对竞争优势。营销网络涉及社会组织结构、文化习俗、人们的消费偏好、营销人员的人脉关系、生产与销售的衔接等许多方面。投资方如果进行绿地投资，其原有的销售力量很难从母国转移到东道国，所以，投资方就需要在国外自行组建销售力量，建立起厂商和消费者之间比较稳固的联系，这样就需要支付较大的成本，耗费较长的时间。而投资方如果进行跨国并购，在构建营销网络上就不必从零开始，这样能够节省许多成本与时间。在东道国销售力量、品牌、知名度等下游资源密集度越集中的行业，投资方越有可能采取并购的方式进入国外市场。

3. 不同的宏观情境中投资方的进入模式决策

对进入境外市场影响比较大的宏观因素包括东道国的相关法律法规、东道国的文化特质、东道国市场的成长性等。许多国家直接制定有不允许外资进入的行业政策，或者有各种各样的让外资难以进入的间接政策障碍等。例如，法人治理结构上的特别规定、控股权的限制、行业资质的获取、由多种州或省等地方法规导致的区域性市场割裂等。有研究发现，在会计制度完善、投资者保护较好的国家产生的并购案例比较多。在跨国并购的案例中，东道国的投资者保护情况往往比母国的情况差。在某些制度障碍比较大的国家进行投资，选择合资公司的形式比较理想。对于许多跨国并购来说，不同国家之间的文化差异是阻碍并购的重要因素。文化差异会增加并购后的整合成本，整合人力资源的成本可能会尤其高。

文化差异还能影响跨境市场进入的模式。有研究认为，文化差异越大，投资方越偏好设立合资企业或进行绿地投资。相反，当文化差异较小时，投资方更加偏好进行跨国并购，因为并购后的整合成本相对较低，而这一点又特别体现在对人力资源的管理成本上。但是，从另一个方面来讲，正是不同国家之间存在较大的文化差异，才导致许多企业决定通过跨国并购，实现获取国外市场份额的目标。如果是出于这种考虑，文化差异越大，投资方可能越会选择进行跨国并购，而非设立合资公司或进行绿地投资。跨国公司通过收购国外的企业，可以利用东道国企业现成的符合东道国文化习俗的管理模式和运作习惯，尽快在东道国开展业务。东道国企业的某些做法甚至有助于改善并购方的管理模式。有些案例甚至表明，文化差异越大的国家间的并购，并购后企业的销售业绩提高越快。所以，只要处理好文化的互补性，进入跨国并购仍然能够取得很好的成效。如果东道国市场增长较快，那么选择并购的方式将使投资方更加迅速地进入东道国市场，从而享受东道国市场高速扩张的益处。

第二节　国际三资企业

一、国际合资经营企业

（一）国际合资经营企业的定义

国际合资经营企业是指两个或两个以上不同国家的投资者（包括法人企业和其他经济组织或个人），在平等互利的原则基础上共同商定各自的投资股份，按照投资国家或地区的有关法律组织建立的，以营利为目的的企业。它由投资人共同经营、共同管理，并按股权投资比例共担风险、共负盈亏。

（二）国际合资经营企业的特点

国际合资经营企业的特点主要体现在以下几个方面：

（1）由合资方共同投资，以认股比例为准绳来规定各方的权责利。合资企业是由合资各方共同投资设立的经济实体，合资各方投入的资本股本可以是货币资本（如现金）、实物资产（如建筑物、厂房等）和无形资产（如专利权、商誉、商标等）。如果以后两者为股本投入，其作价可以由合资各方按照平等互利的原则协商确定，亦可聘请合资各方同意的第三方评定。

（2）合资各方不论以何种方式出资，均要以同一种货币计算各自的股权，即合资各方无论是以现金、厂房还是以专利权出资，都必须用统一的货币方式，如美元或人民币。

（3）合资方共享收益，按资分配，共担风险。

（4）国际合资经营企业是在投资国境内设立的具有独立法人资格的经济实体，享有自主经营的权利。如《中华人民共和国中外合资经营企业法实施条例》第七条规定：在中国法律、法规和合营企业协议、合同、章程规定的范围内，合营企业有权自主地进行经营管理。各有关部门应当给予支持和帮助。

（5）生产经营由合资方共同管理。根据出资比例，合资各方共同组成董事会。董事会是合资企业的最高权力机构，负责决定合资企业的重大事项，并聘请总经理和副总经理等高级管理人员。在董事会的领导下，由总经理负责企业的日常经营管理，总经理对董事会负责。

（三）国际合资经营企业在经营管理方面应注意的问题

1. 投资比例问题

对国际合资企业来说，投资比例直接决定着投资各方对企业的支配权和利润分配等问题。一般来讲，一方合资者在企业中的投资比例越大，其对企业的控制权就越大。因此，许多国家会通过规定合资企业中的外资比例最高限额来加强对外资的监督和管理。有些发展中国家根据其经济发展和维护国家主权的需要，规定合资企业中外资比例不得超过49%。但经济比较落后的国家为了吸引更多的外资，也会允许外国投资者投资比例超过50%。

2. 投资期限问题

确定投资期限，一般要考虑项目的资金利润率、资金回收期限、技术更新周期等因素。

投资期限过短，会影响外国投资者的利润收入，对外商缺乏吸引力，而且也不利于东道国掌握先进的技术和管理经验。投资期限过长，外国投资者又不能随时提供新的先进技术，产品不能不断更新，合资企业就失去了竞争能力，东道国也失去了合资经营的意义。各国举办合资企业的实践表明，投资期限一般规定在 0～20 年为宜，最多不超过 30 年。

3. 投资方式问题

投资方式是国际合资经营的物质基础。国际合资经营企业的投资方式可以用现金、外汇，也可以用土地、厂房、机器设备，或者以专利、商标等工业产权以及技术资料、技术协作和专有技术等方式折价出资。对以利用外资为目的的东道国来说，应力争让外国投资者多以资金形式投资，以克服本国经济建设资金不足的困难，辅之以引进国外投资者的先进设备技术和专利，提高本国的生产能力和产品质量，增强出口产品的竞争力。东道国一方的投资，最好以场地使用权、基础设施、劳务以及能源等物质资源为投资股本，以节约现金支出，充分利用本国的潜在生产条件和生产能力。

4. 劳动工资管理

东道国为了解决本国的就业问题，特别是为了培养本国的技术人才和管理人才，对合资企业的雇佣人员有一定的限制。一般遵循以下两条原则：一是除部分高级人员和专门技术人员由外国投资者推荐、董事会聘用以外，一般员工原则上在东道国招聘；二是根据东道国法令，各合资方根据国内工资状况和调动员工积极性原则，制定合资企业的工资标准，并建立一套劳动管理制度，由东道国劳动管理部门监督，不许随意解雇员工，以保护劳动者的合法权益。

5. 产品销售管理

一般来讲，国际合资经营企业的产品销售市场有三个：东道国国内、外国投资者国内以及其他国家和地区。对于东道国来说，前一个是内销，后两个是外销。投资者为了自己的市场销售网络，力争合资企业的产品销往东道国国内市场；而东道国极力主张外销，以增加外汇收入，平衡外汇收支。在这种情况下，比较合适的做法是：根据东道国的有关法令、条例，由投资双方共同制定一个适当的内销和外销比例。

6. 利润汇出管理

一般来讲，投资方在利润汇出方面的立法原则上会保证外国投资者将所获利润和其他合法收益自由兑换为外币汇回本国。但是东道国实际上都有较严格的规定，以防止大量转移资金给本国国际收支平衡和国民经济发展造成不利影响。

7. 争端解决管理

投资各方可能在投资理念、经营决策和管理方法、经营目标等方面产生分歧，且不同投资者的利益可能难以统一，因此较容易产生争端。对于争端的解决方法，国际上通常有四种：协商、调解、诉讼和仲裁。由于合资各方来自不同国家，法律背景差别较大，进行司法诉讼会有诸多不便，且程序复杂、费用高昂，还会导致合作各方关系破裂。因此，合资双方多采用协商、调解的方式来解决争端，当这两种方式不能解决争端时，多采用仲裁方式。

二、国际合作经营企业

（一）国际合作经营企业的定义

国际合作经营企业是指两国或两国以上合营者在一国境内根据东道国有关法律，通过谈判签订契约，双方权、责、利均在契约中明确规定的，共同投资、共担风险所组成的合营企业。国际合作经营企业与国际合资经营企业的最大区别在于：它不用货币计算股权，因而不按股权比例分配收益，而是根据契约规定的投资方式和分配比例进行收益分配或承担风险。所以，国际合作经营企业是一种契约式的合营企业。

（二）国际合作经营企业的特点

国际合作经营企业的特点主要有以下几个方面：

1. 由合同规定合作各方的责、权、利

在国际合作经营企业中，合作双方的责任、权利和义务（如投资构成、利益分配等）均由合同规定。合作经营的方式可根据双方的意愿组成法人，也可不组成法人。作为法人的合作企业应组成共同财产，企业可以以自己的名义起诉或被起诉。国际合作经营企业应成立最高权力机构——董事会，作为企业的代表。不组成法人的国际合作经营企业，不具有法人资格，可由合作各方的代表组成联合管理机构负责经营管理，也可以以外方为主负责管理。由此可见，国际合作经营企业的经营方式灵活多样，由合作方自由约定。

2. 投资条件易于接受

国际合作经营企业的投资条件一般为：东道国合作方提供场地、厂房、设施、土地使用权和劳动力，投资国企业合作方提供外汇、设备和技术等。在合作经营合同中，一般以外方提供的资金、设备和技术的价值为总投资额。有的国际合作经营公司不标明投资总额，双方将合同提供的投入物作为注册资本。

3. 收益分配方式灵活

由于经营企业各方投资不按股份计算，所以也不按股份分配收益，而是根据双方商定的比例采取利润分成的分配方式。分成的比例可以是固定不变的，也可以根据盈利情况采取滑动比例。

4. 财产归属灵活

经营企业的经营期限通常短于国际合资经营企业，不同项目的合作期限相差极大。例如，旧汽车翻新项目的合作期限或许仅为一年，而大型宾馆之类投资巨大的项目合作期限可达20年。合作企业期满后，其全部资产一般不再作价，而是无偿地、不附带任何条件地为东道国一方所有。如果合作期满而外方没有收回投资，则可采取延长合作期的办法，或根据合同有关规定确定剩余财产的归属。

（三）国际合作经营企业在经营管理方面应注意的问题

1. 投资方式问题

经营企业的投资方式比较灵活，除可以投入现金、实物、工业产权、专有技术、场地外，还可以采取投入人力及提供资源等形式。一般说来，东道国往往不投入或少投入现金，而只以厂房、设备、场地等有形或无形资产投资，对外投入的资产无须进行严格评估作价，也不需要用同一货币计算出各方的投资比例。

2. 组织形式问题

国际合作经营企业具体选择哪种组织形式，须由合作双方议定。一般来讲，其组织管理形式主要有以下几种：

（1）董事会管理制。凡采取这种管理制度的国际合作经营企业，一般属于具有独立法人资格的经济实体。董事会为最高权力机构，董事会下设经营管理机构，任命总经理负责企业的经营管理，总经理对董事会负责而不是对各自的股东负责。企业有组织章程和管理制度，与国际合资经营企业相似。

（2）联合管理制。不组成法人形式的国际合作经营企业，一般采取联合管理的领导机制，即由合作各方选派代表组成统一的联合管理机构，或称联合管理委员会，作为企业的最高领导和决策机构，决定企业的重大问题，任命或选派总经理对合作项目进行管理。在这类合作经营企业中，合作各方对企业的管理具有相等的决定权。

（3）委托管理制。即由国际合作经营企业委托合作一方或合作双方以外的第三方对国际合作经营企业进行管理。

3. 利润分配问题

经营企业是按协议分配收益的，通常采用利润分成、实物分成、提取折旧三种方式，即除企业经营利润外，还可以在合同中规定以产品分成、提取折旧等方式获得收益。

4. 合作期限问题

合作经营期限的商定，必须兼顾双方利益。合作期限过短，不易为外商所接受；合作期限过长，由于外方合作者可能从中取得更多的超额利润，会对东道国的合作者不利。一般应根据企业的计划产值和利润大小以及利润分配比率，商定一个适当的合作期限。对于产值大、利润率高、外方投资者的利润分配比率也较高的企业，其合作经营期限可短些；反之，应长些。当前国际上对合作经营企业的合营期限的规定，短的只有 3～5 年，绝大多数的合作经营期限在 15～20 年，最长不超过 30 年。

5. 合同管理问题

合同是国际合作经营企业组织经营的基础。合同一旦依法签订，即具有法律的约束力，有关各方必须全面履行合同规定的义务。如有违反合同规定的事项，就要承担相应的法律责任。在合同履行过程中，一旦发生争议，合同是调解、仲裁或诉讼的基本依据。因此，合同双方必须对合同的签订高度重视。

（四）合作经营与合资经营的区别

合作经营与合资经营有许多相似之处，两者都是由两国或两国以上的合营者共同投资、共同经营、共担风险的，但两者在法律属性、经营性质等方面也存在很多区别，具体如表4-1所示。

表 4-1　合资经营与合作经营的比较

比较项目	法律属性	经营性质	出资方式	收益分配	清算方式
合资经营	法人企业	股权式合作，以经营权为中心	以同一货币计算投入比例	按资分配	不得提前撤资，投资清算
合作经营	法人、自然人	契约式合作，以合同为中心	不以同一货币计算投入比例	按协议分配	可提前收回投资，期满无偿转让

三、国际独资经营企业

（一）国际独资经营企业的定义

国际独资经营企业，又称独资企业或外资企业，是指根据有关法律规定而在东道国境内设立的全部资本由国外投资者出资，并独立经营的一种国际直接投资方式。

（二）国际独资经营企业的特点

国际独资经营企业的主要特点如下：

（1）独资企业由外国投资者提供全部资本，自主独立经营，独自承担风险。

（2）独资企业是由东道国政府经过法律程序批准的，由外方单独在东道国境内取得法人资格，能够完整地行使法人权利和义务的经济实体。因此，独资企业不是投资国的企业和法人，而是东道国的企业和法人，享有充分的自主权。

（3）由于独资企业的利润和风险全部由外国投资者承担，东道国不参与生产经营管理活动，所以东道国政府对独资企业的掌握尺度较为严格。如对经营范围和投资方向予以较多限制，多数发展中国家要求投入高技术和承担出口义务；包括发达国家在内的许多国家不允许独资企业在电力、电信、军工等涉及国计民生和国家安全的行业进行投资。另外，独资企业对资本的要求较高，有较高的经营风险。

（三）国际独资经营企业在经营管理方面应注意的问题

1. 对独资企业的监督管理

东道国对独资企业的经营管理一般不予以干涉，依法保障独资企业在经营管理方面有充分的自主权。但是，东道国为了维护国家主权和国家利益，要对独资企业实施监督管理。例如，《中华人民共和国外资企业法实施细则》对外资企业的监督管理，部分规定如下：

（1）外资企业在中国境内从事经营活动，必须遵守中国的法律、法规，不得损害中国的社会公共利益。

（2）设立外资企业，必须有利于中国国民经济的发展，能够取得显著的经济效益。国家鼓励外资企业采用先进技术和设备，从事新产品开发，实现产品升级换代，节约能源和原材料，并鼓励举办产品出口的外资企业。

（3）禁止或者限制设立外资企业的行业，按照国家指导外商投资方向的规定及外商投资产业指导目录执行。

（4）设立外资企业的申请，由中华人民共和国对外贸易经济合作部审查批准后，发给批准证书。

（5）外资企业依照中国税法规定缴纳所得税后的利润，应当提取储备基金和职工奖励及福利基金。储备基金的提取比例不得低于税后利润的10%，当累计提取金额达到注册资本的50%时，可以不再提取。职工奖励及福利基金的提取比例由外资企业自行确定。

外资企业以往会计年度的亏损弥补前，不得分配利润；以往会计年度未分配的利润，可与本会计年度可供分配的利润一并分配。

2. 对独资企业的利益保护

外国投资者在东道国境内投资后获得的利润和其他合法权益，受东道国法律保护，并且独资企业的合法利润、其他合法收入和清理后的资金，可以汇往国外。独资企业的外籍职工工资收入和其他正当收入，依法纳税后，也可以汇往国外。独资企业依照东道国有关税收的规定纳税，并可以享受减免、免税的优惠待遇。

（四）独资经营与合资经营的区别

独资经营与合资经营有许多不同之处，主要表现在设立目标及程序、持股比例、企业经营控制权等方面，具体如表4-2所示。

表4-2　独资经营与合资经营的比较

比较项目	独资经营	合资经营
设立目标	实现母公司全球化战略	合资双方实现双赢
设立程序	简便，无须协商谈判	费时，必须协商谈判
持股比例	完全持股	部分持股
企业经营控制权	完全控制与独立经营	部分控股与共同经营
收益与风险分配	独享	按比例分摊
本土化优势	较小	较大
资源共享性	无	双方资源共享
技术外溢性	较小	较大
投资期限	无严格限制，收回投资相对灵活	有期限规定，不得提前撤资

◢◣\ **导入案例4-5** ----

2020年哥斯达黎加微型企业减少近2.9万家

据《今日哥斯达黎加》2021年1月26日报道，哥斯达黎加国家统计和人口普查局（INEC）最新发布的《全国微型企业调查》显示，尽管疫情推动了至少22 592家新的微型企业的建立，但2020年哥斯达黎加微型企业数量与上年相比减少了28 885家。2020年个体企业注册总数为355 266，比上年减少4%。家庭企业创造的就业岗位（包括企业所有者）从2019年的678 938个下降至2020年的585 426个，减少了13.8%，其中21%的岗位为临时工作，这意味着这类人群没有固定的收入来源。微型企业中，72.7%为独资经营，16.7%

由两名员工组成，其余由三名及以上员工组成。

资料来源：2020 年哥斯达黎加微型企业减少近 2.9 万家 ［EB/OL］.（2021-01-26）
［2021-03-18］. http：//www.mofcom.gov.cn/article/i/jyjl/l/202102/20210203038140.shtml

本章小结

本章第一节主要介绍了国际直接投资的定义和分类。国际直接投资是指投资者为了在国外获得长期的投资效益并拥有对企业或公司的控制权和经营管理权而进行的在国外直接建立企业或公司的投资活动，其核心是投资者对国外投资企业的控制权。按照不同的划分标准，国际直接投资可以划分为不同的类型。按照母公司和子公司的经营方向是否一致，可分为横向型、垂直型和混合型；按照投资者是否创办新企业，可分为绿地投资和跨国并购；按照投资者对外投资参与方式不同，可分为合资经营、合作经营、独资经营。第二节主要介绍了国际三资企业，包括国际合资经营企业的定义、特点以及在经营管理方面应注意的问题；国际合作经营企业的定义、特点以及在经营管理方面应注意的问题；国际独资经营企业的定义、特点以及在经营管理方面应注意的问题。

本章思考题

1. 名词解释。

国际直接投资　横向型投资　纵向型投资　绿地投资跨国并购

2. 简述绿地投资与跨国并购的区别。

3. 简述国际合资经营企业和国际合作经营企业的异同。

4. 案例分析：运用所学的国际直接投资的有关知识，结合以下材料，分析越南吸引外商直接投资的现状，并通过上网查找资料分析影响越南外商直接投资的因素。

据越南《越南新闻》2020 年 12 月 2 日报道，越南计划投资部最近的一份报告显示，截至 11 月 20 日，越南 2020 年共吸引了 264.3 亿美元的外商直接投资，相当于 2019 年同期的 83.1%。

越南计划投资部认为，全球经济受到疫情的打击，而投资者由于限制措施而无法出行，对吸引外资造成了影响。在此期间，注册 2 313 个新项目，同比下降了 33.5%；注册资本总额为 136 亿美元，同比下降了 7.6%。原项目增资方面，有 1 051 个项目进行了资本调整，同比下降 16.3%。

外商投资主要分布在 19 个领域，加工制造业居首，投资金额超过 127 亿美元；其次是发电和配电行业，投资额超过 49 亿美元；再次是房地产业，约 38 亿美元；其后是批发和零售业，投资额为 15 亿美元。

外商直接投资来自 109 个国家和地区，其中新加坡以 81 亿美元居首位，占总额的 30.6%；韩国紧随其后，为 37 亿美元；其次是中国，为 24 亿美元。

外国投资者在全国 60 个省市进行投资。湄公河三角洲的薄辽省以吸引了 40 亿美元的大型项目居首，占总投资额的 15.1%；胡志明市和河内分别排名第二和第三，分别为 38 亿美元和 32 亿美元，占总额的 14.4% 和 12.2%。

越南计划投资部外国投资局表示，外商投资领域的出口额在走低 10 个月后已经回升。不计原油，该领域在 11 个月期间的总出口额为 1 795 亿美元，同比增长 6.9%，占总出口额的 70.7%；从国外购买了价值 1 489 亿美元的产品，年增长 9.1%，占进口总额的 63.5%。

资料来源：疫情给越南吸引外资造成负面影响 [EB/OL]. (2020-12-02) [2021-01-25]. http://www.mofcom.gov.cn/article/i/jyjl/j/202012/20201203019838.shtml

第五章

跨国公司——国际直接投资的重要主体

（1）掌握跨国公司的定义和主要特征。

（2）了解跨国公司的产生和发展过程。

（3）掌握跨国并购的定义和分类。

（4）了解跨国公司的企业组织形态和组织结构的演变。

■■\ 导入案例 5-1 ----

应对疫情，中国采取更加开放和便利化的措施

中国改革开放 40 多年来，跨国公司大量对华投资，截至 2019 年年底，累计投资项目超过百万，实际吸引外商直接投资总额逾 2.2 万亿美元。事实证明，大规模的外资流入，带动了中国参与经济全球化的分工体系，分享了全球化的效率和利益，促进了中国经济和社会的快速发展。与此同时，在华投资的跨国公司也获得了丰厚的利润回报，中国已经成为许多跨国公司的利润来源和国际竞争力的重要支撑。研究发现，那些在华投资时间早、投资规模大、投资范围广的外资企业，例如汽车业、装备制造业、化工业、电子信息业、医药业和食品业等，增长速度最快，国际竞争力最强。根据 UNCTAD 的调查，长期以来，中国一直是跨国公司最具吸引力的东道国之一。

近年来，国际投资政策出现了保护主义倾向。2018 年全球 55 个国家进行了 112 项外资监管政策调整，其中自由化政策为 66%，限制性措施占 34%，达到历史新高。2020 年新冠疫情的突然暴发，使许多国家在国际投资和贸易政策上采取更加严厉的限制和保护措施，导致 2020 年国际投资流量遭遇前所未有的挑战，世界经济面临以跨国公司为主导的全球价值链效率体系突然中断的风险。

应对疫情，为防止国际直接投资大幅下滑的风险，中国展现了更加开放的姿态和更加自由的行动。自 2020 年 2 月初以来，党中央和国务院先后进行了近 10 次部署，出台了 38 项法规政策，包括《关于积极应对新冠肺炎疫情加强外资企业服务和招商引资工作的通知》

《关于应对新冠肺炎疫情做好稳外贸稳外资促消费工作的通知》《关于用好内外贸专项资金支持稳外贸稳外资促消费工作的通知》等。商务部还具体推出了一系列新政策、新举措：3月23日商务部和中国进出口银行联合印发《关于应对新冠肺炎疫情支持边境（跨境）经济合作区建设促进边境贸易创新发展有关工作的通知》；3月24日印发《关于统筹做好新冠肺炎疫情防控和经济发展全面做好国家级经开区工作的通知》；3月27日召开2020年全国外资工作会议暨应对疫情稳外资工作电视电话会议，提升投资促进和招商引资水平、推动各类开放平台建设、持续优化外商投资环境等；4月1日印发《关于应对疫情进一步改革开放做好稳外资工作的通知》，提出了推动更高水平对外开放、进一步推进商务领域"放管服"改革、加强外商投资服务和促进工作、持续优化外商投资环境等24条稳外资措施。

疫情暴发后，中国外资政策的自由化和便利化推进力度都是空前的，概括如下：

（1）流量和存量并重。不仅积极吸引新的流量，更加注重外商投资的存量。针对外资企业受疫情影响，各级政府建立健全了应对疫情的工作机制，明确责任分工，上下联动、左右协同，"一对一"协调解决外资企业个性化问题，保障企业外部要素保障问题，维持产业链、供应链稳定。建立外资企业联系制度，把帮助外资企业解决困难和落实支持政策相结合，兑现政策红利。对于重大外资项目建设和落地，加强用地、用能、资金等方面要素保障，加快建设进度，通过"一对一"服务、实施"直通车"等方式，持续推动外资大项目落地。

（2）扩大开放力度。进一步压缩负面清单，实施"非禁即入"政策，加快推进金融业、新能源、农业、电信、科研和技术服务、教育、卫生等行业的开放。扩大国际要素自由流动，推广外国人工作、居留等一站式服务。

（3）创新投资便利化措施。严格落实《中华人民共和国外商投资法》及其实施条例，全面取消有关部门针对外商投资企业设立及变更事项的审批或备案，进一步提升外商投资便利化水平。不断优化工作流程，切实减轻企业负担，深入推进"综合执法""单一窗口""多规合一""跨境资本流动""国际人才办理流程"等便利化创新措施。

（4）切实保障外资企业权益。加强外资企业投诉工作机构，完善投诉工作规则，提高处理效率，加大对外商投资合法权益保护力度，及时纠正不公平对待外资企业的行为；认真履行在招商引资活动中依法签订的各类合同，及时兑现向外国投资者及外商投资企业依法做出的政策承诺。在知识产权保护、征收补偿、技术标准制定、资本市场融资、政府采购等方面，实施更加公平、公正、透明、依法行政的管理措施，任何实体形式享有完全平等待遇。

（5）升级开放载体。载体建设是中国改革开放的窗口，外资投资企业的聚集地。改革开放之初，中国开放载体仅有5个城市，14个沿海经济技术开发区承接国际投资转移，软硬营商环境十分落后。如今，中国加速形形色色的载体建设，自贸区、自贸港、经开区、高新区、综保区、跨境区、服务创新区、电子商务区、服务外包区、综合试验区等星罗棋布，累计数量已超过2 000个，并且功能齐全、分工有序、政策叠加、布局优化、高度开放、产业集聚、环境优越，成为吸引跨国公司投资的新高地。与此同时，打破国内行政壁垒，全面推动区域经济一体化合作，积极落实西部大开发、东北振兴、中部崛起、京津冀协同发展、长江经济带发展、长三角一体化发展、粤港澳大湾区建设等战略，全面构建开放型经济新格局。

（6）强化投资促进。投资促进一直是扩大利用外资的重要渠道。近年来，各级地方政府八仙过海、各显神通：不断创新招商引资方式，充分运用信息化手段，加大招商引资力度；整合各类招商资源，积极开展委托招商、以商招商，开展有针对性的投资促进活动；建立健全外商投资服务信息平台，公布各类法规政策、办事指南和投资项目信息；整合各类外商投资服务资源，健全一站式外商投资促进服务体系；加强投资促进机构建设，建立招商服务激励机制，提升投资促进人员专业化水平。

疫情暴发，经济全球化步伐受到重创，展望未来，以跨国公司为主要载体的国际经济一体化合作不可阻挡。过去和未来，中国一直是最受跨国公司青睐的东道国。改革开放之初，具有前瞻性的跨国公司先行一步，投资中国，分享了中国经济成长的巨大红利。如今，世界处于一个新的转折时期，在许多国家闭关锁国的背景下，中国再次为跨国公司投资展现了新机遇、新前景。

资料来源：应对疫情，中国采取更加开放和便利化的措施［EB/OL］.（2020-05-28）［2021-01-07］. http://www. mofcom. gov. cn/article/zt_ 2020qglh/ghjd/202005/20200502967616. shtml

第一节　跨国公司的定义和特征

一、跨国公司的定义

跨国公司（Transnational Corporation）主要是指由两个或两个以上国家的经济实体所组成，并从事生产、销售和其他经营活动的国际性大型企业。跨国公司主要是发达国家的垄断企业，以本国为基地，通过对外直接投资，在世界各地设立分支机构或子公司，从事国际化生产和经营活动的垄断企业。联合国国际投资和跨国公司委员会认为，跨国公司应具备以下三个要素：

（1）跨国公司是指一个工商企业，组成这个企业的实体在两个或两个以上的国家内经营业务，而不论其采取何种法律形式经营，也不论其在哪一经济部门经营。

（2）这种企业有一个中央决策体系，因而具有共同的政策，此政策可以反映企业的全球战略目标。

（3）这种企业的各个实体分享资源、信息以及分担责任。

二、跨国公司国际化经营的度量

跨国公司具有国际化经营的本质特征，如何度量跨国公司国际化经营的程度一直是学术界关注的重要问题之一，最常使用的是以下五个指标。

（一）跨国经营指数（Transnationality Index，TNI）

跨国经营指数是根据一家企业的国外资产比重、对外销售比重和国外雇员比重这几个参数所计算的算术平均值。其公式为：

$$跨国经营指数 = \left(\frac{国外资产}{总资产} + \frac{国外销售额}{总销售额} + \frac{国外雇佣人数}{雇员总数}\right)/3 \times 100\%$$

（二）网络分布指数（Network Distribution Index）

网络分布指数是用以反映公司经营所涉及的东道国数量的指标，是公司国外分支机构所在的国家数与公司有可能建立国外分支机构的国家数之比。

$$网络分布指数 = \frac{N}{N^*} \times 100\%$$

式中，N 代表公司国外分支机构所在的国家数；N^* 代表公司有可能建立国外分支机构的国家数，即世界上有 FDI 输入的国家数。实际运算时，从已接受 FDI 输入存量的国家数目中减去 1（排除母国）即可得出 N^*。

（三）外向程度比率（Outward Significance Ratio，OSR）

$$外向程度比率 = \frac{一个行业或厂商的海外产量(或资产、销售、雇员数)}{一个行业或厂商在其母国的产量(或资产、销售、雇员数)}$$

（四）研究与开发支出的国内外比率（R&DR）

$$研究与开发支出的国内外比率 = \frac{一个行业或企业的海外 R\&D 费用开支}{一个行业或企业的国内或国内外 R\&D 费用开支总额}$$

（五）外销比例（Foreign Sales Ratios，FSR）

$$外销比例 = \frac{行业或厂商产品出口额}{行业或厂商产品海内外销售总额}$$

三、跨国公司的主要特征

在不同社会制度下，处于不同历史发展阶段的不同类型跨国公司有不同的运行机制，具有不同的特征，但又有一些共同之处。一般认为，现代跨国公司具有以下特征：

（一）跨国性

跨国公司的实体虽分布于多国，在多国从事投资经营活动，但仍以一国为基地，受一国大企业的控制、管理和指挥。跨国公司在国外经营可采取子公司、参与公司、分公司等多种形式，但母公司和总公司通过所有权或其他手段对这些实体行使决定性的控制。

（二）具有全球战略目标

跨国公司以整个国际市场为追求目标，在世界范围内有效配置生产力，充分利用各国和各地区的优势，以实现总公司利润的最大化。

（三）公司内部的相互联系性

跨国公司母公司和子公司之间存在着密切联系，从而使母公司或公司内部的某些实体能与其他实体分享知识、资源和分担责任。

（四）生产经营规模庞大

理论上跨国公司是指从事跨国生产和经营活动的企业。事实上，国际投资学所研究的跨国公司一般特指大型制造业的跨国公司，这类公司的数量较少，但在国际直接投资领域占据主导地位。

（五）国外分支机构众多

为了实现其全球战略目标，跨国公司在世界各地建立众多的子公司和分支机构，构建了一个集生产、贸易、金融和信息于一体的庞大网络。

（六）经营方式多元化

现代跨国公司的经营面很广，已经由单一产品生产经营向综合性多种经营方向发展。

在生产经营上，跨国公司与国内企业有着显著的区别，具体可体现在如表5-1所示的几个方面。

表5-1 跨国公司与国内企业的生产经营比较

比较项目	国内企业	跨国公司
交易领域	主要局限于国际流通领域，单独从事一两项（如商品出口或劳务输出）涉外经济活动，并且这些活动不涉及在国外投资建立经济实体	在世界经济的各个领域，全面进行资本、商品、人才、技术和信息等交易活动，并且这种"一揽子活动"是在母公司控制之下进行的，其子公司也像外国企业一样参加当地的再生产过程
国内外经济活动关系	国内外经济活动的关系是相当松散的，有较大的偶然性，其涉外经济活动往往在交易完成后立即终止，不再参与以后的再生产过程	国内外经济活动的关系是紧密的，有其必然性：一方面，子公司受制于母公司；另一方面，母子公司的业务在分工协作的基础上融为一体，相辅相成
交易对象	许多涉外经济活动以国际市场为媒介，交易的对方是另一家企业	许多涉外经济活动是在公司内部（母公司与子公司之间，子公司与子公司之间）进行的，交易过程中没有其他企业参加
海外扩张手段	将产品出口作为向海外扩张的主要手段	将直接投资作为向海外扩张的主要手段

◢◤ 导入案例 5-2

从海尔集团美国建厂看海尔全球化战略

从海尔集团在美国建厂看，海尔创立本土化海尔名牌的过程分为三个阶段，即本土化认知阶段、本土化扎根阶段、本土化名牌阶段。这就是海尔走向世界的"三步曲"：第一步，按照"创牌"而不是"创汇"的方针，出口产品开拓海外市场，打响"知名度"；第二步，按照"先有市场，后建工厂"的原则，当销售量达到建厂盈亏平衡点时，开办海外工厂，打造"信誉度"；第三步，按照本土化的方针，实行"三位一体"的本土发展战略，打造"美誉度"。第一步是播种，第二步是扎根，第三步是结果。

"三步曲"是实践的发展，与此同时，海尔对国际化经营的认识也在不断深化。

1. "先难后易"达到认知——靠质量让当地消费者认同海尔的品牌

海尔认为必须在观念上转变传统出口的误区，出口是为了创牌而不仅仅是创汇，用"海尔——中国制造"的著名品牌提升创汇目标。在进入国际市场时，海尔采用"先难后易"的战略。

先进入欧美等在国际经济舞台上分量极重的发达国家和地区，取得名牌地位后，再以高屋建瓴之势进入发展中国家，并把使用海尔品牌作为出口的首要条件。海尔冰箱能摆在自己的老师家门口——德国，靠的是"揭下商标、打擂台"的形式建立起的海尔产品高质量的信誉。

2. 海尔在海外"三位一体"的结构已在当地扎根

为了实现海尔开拓国际市场的三个1/3（国内生产国内销售1/3，国内生产国外销售1/3，海外生产海外销售1/3）目标，海尔在海外设立了10个信息站和6个设计分部，专门开发适合当地人消费特点的家电产品，提高产品的竞争能力。1996年开始，海尔已在菲律宾、印度尼西亚、马来西亚、美国等地建立海外生产厂。1999年4月，海尔在美国南卡州生产制造基地的奠基标志着第一个"三位一体本土化"的海外海尔建成，即设计中心在洛杉矶、营销中心在纽约、生产中心在南卡州。立足当地融智与融资，发展成本土化的世界名牌。首席执行官张瑞敏把海尔的这一思路概括为"思路全球化、行动本土化"。思路必须是全球化的，即使你不去思考全球，全球也会思考你。行动的本土化目的在于加快品牌影响力的渗透过程。海尔的本土化表现在广告都本土化，如海尔在美国的广告语是"What the world comes home to"，在欧洲则用"Haier and higher"。

3. 超前满足当地消费者的要求，创造本土化名牌

海尔实施国际化战略的目标是创出全球知名的品牌，要创名牌，仅有高质量是不够的，必须和当地消费者的需求紧密结合，而且要超前满足当地消费者的需求。海尔超级节能无氟冰箱就是一个典型的例证，它既解决了国际社会对于环保的要求，又考虑到消费者的切身利益，在开发无氟冰箱的同时实现了节能50%的目标，不但发明了一项世界领先的成果，还取得了巨大的市场效果。海尔超级节能无氟冰箱达到德国A级能耗标准，德国消费者凡购买海尔超级节能无氟冰箱都可得到政府补贴。

4. 整合全球资源战略

海尔实施国际化战略的真谛，在于有效地利用分布在世界不同地区的资金资源、研发资源、优惠政策和客户资源，在世界范围内形成企业的竞争优势。海尔采取全球范围融资、融智、融文化的办法，充分利用当地的人力资源和资本，在全球范围初步整合了企业资源。在国际化战略实施过程中，海尔用两三年的时间，在美国、欧洲等主要经济区建起了有竞争力的贸易网络、设计网络、制造网络、营销网络和服务网络。海尔分布在世界的生产、销售、研发网络，初步形成了利用全球资源，开拓全球市场的跨国公司雏形。

除美国海尔外，海尔还于1996年起，先后在印尼、菲律宾、马来西亚、伊朗等国家建厂，生产海尔冰箱、洗衣机等家电产品。在世界主要经济贸易区域里，都将有海尔的工厂与贸易中心，使海尔产品的生产、贸易都实现本土化，不仅有美国海尔，还有欧洲海尔、中东海尔等。在融资、融智的过程中，海尔真正成为世界的名牌。

资料来源：孔文泰. 海尔进入国际市场的战略及所带来的启示 [J]. 企业科技与发展. 2013（12）.

第二节 跨国公司的产生与发展

一、跨国公司的产生

跨国公司是科学技术和生产力发展的结果，是垄断资本主义高度发展的产物，它的产生已有 100 多年的历史。1600 年成立的英国东印度公司，作为殖民主义侵略扩张的工具，已具有跨国公司的雏形。19 世纪末 20 世纪初，出现了真正具备现代跨国公司组织形式的工业垄断企业。

当时，在经济比较发达的美国和欧洲国家，一些大型企业通过对外直接投资，在海外设立分支机构和子公司，其中比较有代表性的企业有三家：1865 年，德国的弗里德里克·拜耳化学公司在美国纽约州的奥尔班尼开设一家制造苯胺的工厂；1866 年，瑞典的阿佛列·诺贝尔公司在德国汉堡开办了一家炸药工厂；1867 年，美国的胜家缝纫机公司在英国的格拉斯哥建立了一个缝纫机装配厂。此外，爱迪生公司、贝尔电话公司、英国的帝国化学公司等先后在国外开展投资活动。在两次世界大战期间，跨国公司在数量上和规模上都有所发展。

二、跨国公司出现的原因

一般来说，刺激跨国公司出现的原因主要有以下几个方面：

（一）技术垄断优势的保护

掌握技术垄断优势的公司，首先到海外进行投资以占领市场，并防止别的厂商伪造，以使其获得长远的资金来源。

（二）避开保护性贸易限制

避开保护性贸易限制，到海外销售市场建立制造业跨国公司，以便就地生产和供应，是刺激早期跨国公司出现的另一个重要原因。

（三）各国对外国制造企业到本国设厂的刺激或鼓励

例如，加拿大为了鼓励外国制造企业到加拿大投资设厂，采取高关税的形式，以加速国内经济的发展，这就推动了美国企业向加拿大的渗透。如 1883 年爱迪生公司到加拿大建厂，享受国民待遇。

三、跨国公司的迅猛发展

在经历了一个多世纪的发展之后，特别是在 20 世纪 50 年代以后，跨国公司由小到大，由少到多，取得了举世瞩目的长足发展。

（一）跨国公司数量、规模上的发展

20 世纪 60 年代末至 20 世纪 90 年代初，跨国公司数量稳步增长，以 14 个发达国家为母国的跨国公司增加了两倍多。据联合国贸发会议（UNCTAD）估计，20 世纪 90 年代初，世界跨国公司的母国公司约有 3.7 万家，它们在国外控制的分支机构约有 17 万家。至 2020

年，全球跨国公司已超过 8 万家。目前，跨国公司控制了全球生产总值的 40%、国际贸易的 50%、技术贸易的 60%、对外直接投资的 90%、技术专利的 80%。跨国公司在国际经济活动中的主体地位日益显著。

跨国公司在规模急剧扩张的同时，还出现了一些巨型的跨国公司。如 2014 年美国《财富》杂志评选出的世界 500 强中，列第一的沃尔玛公司年营业收入为 4 762.94 亿美元，可被称为巨型跨国公司。2019 年，在世界 500 强企业中，加上港澳台地区，中国企业上榜数量达 129 家，历史上首次超过美国。其中，新上榜的中国公司有 13 家，占新上榜公司总数的一半以上。

（二）跨国公司的势力格局

20 世纪 70 年代后的日本和欧共体（现为欧盟）成员国跨国公司的大发展，打破了第二次世界大战后美国跨国公司一统天下的单极化格局，形成了日本、美国和欧共体成员方"大三角"国家的三足鼎立态势。近年来，随着发展中国家和转型期经济体的经济发展，跨国公司的发展逐渐呈现多极化趋势。

（三）跨国公司的国际投资行为日益多样化

为了适应日趋复杂的国际市场和激烈的国际竞争环境，顺利贯彻跨国公司的一体化和全球化战略，跨国公司的国际投资行为日显多样化，有常见的股权安排形式（主要是独资经营和合资经营方式），还有合作生产、技术转让、分包，许可证生产、特许经营等非股权安排，甚至还有战略联盟（主要从事研究开发合作）。

（四）跨国公司的生产经营方式

1. *跨国化的生产体系*

在特大规模的跨国公司的生产经营战略中，形成了跨国公司职能跨地区的全球一体化生产体系。

2. *属地化的经营活动*

所谓属地化经营，是指跨国公司对东道国各类相关环境的适应过程。跨国公司拥有先进技术、专利和充裕的资本以及先进的管理经验等优势，实施属地化可以在企业比较效益原则下，利用先进技术和过剩资本，把产品生产转移到劳动力价格较本国低、资源丰富而廉价的东道国，并且就地生产，就地销售。20 世纪 90 年代以来，发达国家在对发展中国家和地区进行直接投资时，更加注重属地化经营战略的实施。

3. *联盟化的经营战略*

随着世界经济区域集团化与国际化倾向的加强，以及新技术革命的加快和国际市场竞争的加剧，世界各国，尤其是西方发达国家的跨国公司为保持和发展自己的生存空间以及进一步拓展市场，分散新产品的开发费用，充分利用各种金融市场的资源，提高企业总体竞争力，纷纷由广泛合作发展到组织跨国联盟。目前，跨国公司之间进行各种股权或非股权结盟活动已成为其发展的新趋势。

4. *分散化的管理职能*

随着知识经济、网络经济和经济全球化时代的到来，跨国公司纷纷做出了大幅的战略性组织结构和管理职能的调整，其管理职能已由本国中心向多元中心和全球中心并存的格局发展。

5. 外部化的融资手段

跨国公司到国外设立公司或对外直接投资，首先要考虑的是融资问题，融资分为内部融资和外部融资。随着跨国公司投资规模的不断扩大，企业的资金预算规模（包括股本和债务）和筹资数额也随之扩大，筹资成本逐步提高，跨国公司不仅原有的内部融资已不能满足需要，而且国内资金市场容量也相对有限。因此，跨国公司对外投资的外部融资动力便越发强烈。

第三节　跨国公司对外投资的类型和方式

一、跨国公司对外投资的类型

跨国公司对外投资大致可以划分为以下几种类型。

（一）资源导向型投资

几乎任何国家都不可能拥有品种齐全的自然资源。面对不断增长的国内原材料需求和世界性的能源危机，跨国公司必须到资源丰富的国家进行直接投资，以解决资源短缺问题，确保其生产的正常进行。资源导向型投资在跨国公司的对外投资中占有重要地位。

（二）出口导向型投资

这类投资旨在维护和拓展出口市场。国内市场是有限的，随着生产的发展和竞争的加剧，国内需求很快会饱和，因此扩大出口市场份额对于跨国公司的生存和发展具有重要意义。在贸易保护主义盛行的年代，当正常的贸易手段无法绕过关税和非关税壁垒时，对外直接投资就成为打开对方市场大门的绝招。对外直接投资还可以被看成是另一种出口形式，它不是出口最终产品，而是出口机器、设备等资本品，零部件和原材料等中间产品，以及专利、技术诀窍等知识产品。

（三）降低成本型投资

成本在产品生命周期成熟阶段是关键性竞争因素，谋求低廉劳动力成本是促成这种投资的主要原因。由于劳动力成本迅速上升，发达国家和一些新兴工业化国家的跨国公司通过对外直接投资，把劳动力密集型产品的生产转移到劳动力资源充裕和价格便宜的国家和地区。此外，在原材料产地附近投资建厂所节约的运输费用、东道国政府的融资优惠、低地租、低税率等，也有助于跨国公司减少成本开支，获取比较成本利益。

（四）研究开发型投资

先进技术是跨国公司在国际市场上克敌制胜的法宝。通过向技术先进的国家投资，在那里建立高技术子公司或控制当地的高技术公司，将其作为科研开发和引进新技术、新工艺以及新产品设计的前沿阵地，公司能够打破竞争对手的技术垄断和封锁，获得一般贸易或技术转让许可证协议等方式得不到的高级技术。

（五）克服风险型投资

市场经济充满着竞争和风险，可能把跨国公司推向困难境地。为分散经营风险，公司到国外投资，在全球范围建立起由子公司和分支机构组成的一体化空间和内部体系，这样就可以比较有效地化解外部市场缺陷所造成的障碍，避免政局不稳带来的损失。

（六）发挥潜在优势型投资

在许多国家，特别是发达国家，一些大公司在国内市场上取得了垄断地位。经过多年的积累和集中，它们拥有的资金、技术、设备和管理等资源可能已超过国内生产经营的需要而被闲置起来。对外直接投资就是一个充分发挥公司的潜在优势，使闲置资源获得增值机会的有效途径。

二、跨国并购

（一）跨国并购的含义

跨国公司对外直接投资的方式主要分为跨国并购和绿地投资。跨国并购是跨国兼并和跨国收购的总称，是指一国企业（又称并购企业）为了达到某种目标，通过一定的渠道和支付手段，将另一国企业（又称被并购企业）的所有资产或足以行使运营活动的股份收买下来，从而对另一国企业的经营管理实施实际的或完全的控制行为。

导入案例 5-3

上海老字号走出"舒适圈"求重振

2020 年以来，一批上海老字号企业变新冠肺炎疫情带来的市场冲击为走出上海和切实做好对内对外开放两篇大文章的契机，主动融入新发展格局，打响"中华牌""国际牌"，在"双循环"的道路上越跑越欢。上海拥有的中华老字号数量在全国各省区市中居首，共有商务部认定的"中华老字号"180 个，此外，还有上海市商务委认定的"上海老字号"42 个。多年来，不少上海老字号企业"躺"在本地市场容量较大的"舒适圈"中，"沉下去""走出去"力度并不大。2020 年，新冠肺炎疫情突袭，境内外来沪人员数量明显减少，倒逼上海老字号企业向做好市场增量要效益。上海市商务委相关负责人表示，目前上海正在制定新一轮打响"上海购物"品牌三年行动计划，老字号重振仍将占据重要篇幅。对于如光明乳业、老凤祥、上海家化、红双喜等一批在全国市场具有影响力的老字号，上海将继续对标国际一流企业，推动其实施国际化战略，助力企业拓展境外市场，开展全球采购、跨国并购、境外上市，扩大自主品牌国际影响力；如凤凰自行车、回力等居行业领先地位的老字号，上海将继续鼓励其做大做强，抢占国内行业龙头地位。

资料来源：上海老字号走出"舒适圈"求重振 [EB/OL]. (2020-12-28) [2021-03-19]. http://shtb.mofcom.gov.cn/article/p/202012/20201203026658.shtml

（二）跨国并购的分类

1. 按跨国并购产品异同或产业方向分类

（1）横向并购（Horizontal Merger）。横向并购是指两个或两个以上生产和销售相同或相似产品公司之间的并购行为，如两家航空公司的并购，两家石油公司的结合等。这种并购方式是企业获取自己不具备的优势资产、削减成本、扩大市场份额、进入新的市场领域的一种快捷方式。横向并购可以发挥经营管理上的协同效应，便于在更大的范围内进行专业分工，采用先进的技术，形成集约化经营，产生规模效益。这种并购方式的缺点是容易破坏自由竞争，形成高度垄断的局面。近年来，由于全球性的行业重组浪潮，结合我国各行业实际发展需要，加上我国国家政策及法律对横向重组的一定支持，行业横向并购的发展十分迅速。

（2）纵向并购（Vertical Merger）。纵向并购是指在客户—供应商或卖主—卖主关系企业之间进行的并购，即两个以上国家（地区）处于同一或相似产品但又各居不同生产阶段的企业之间的并购活动。零部件生产商与客户（如电子最终产品生产者或汽车制造商）之间的并购就是很好的例子。

（3）混合并购（Conglomerate Merger）。混合并购是指一个企业对那些与自己生产的产品性质和种类不同的企业进行的并购行为，其中目标公司与并购企业既不是同一行业，又没有纵向关系。混合并购是彼此没有相关市场或生产过程的公司之间进行的并购行为。

导入案例 5-4

宏达高科的混合并购

2011年10月27日，宏达高科（002144）与上海开兴医疗器械有限公司（简称"开兴公司"）、自然人金玉祥签署了《股权转让协议》，决定以自有资金人民币9 800万元的价格收购上海佰金医疗器械有限公司（简称"佰金公司"）100%股权。

佰金公司2010年全年营业收入591.9万元，净利润244万元，而2011年前三个季度却完成了4 015.9万元的营业额，净利润则高达1 317.4万元，根据中京民信给出的评估报告，佰金公司的市场公允价值为10 033.52万元，评估增值8 817.46万元，增值率高达725.08%。公司董秘朱海东表示，佰金公司本身拥有良好的资源，未来有比较好的发展预期，未来的发展规划也比较符合宏达的要求。

为了降低收购风险，宏达设计了特别的交易结构：开兴公司的实际控制人金向阳承诺，开兴公司将收到的股权转让款减去应缴所得税后的80%用于二级市场购买宏达高科的股票，而该部分股票在次年的1月1日前不得转让，在2013年1月1日至2018年12月31日内是按照每年一定的比例转让；而金向阳本人将继续持有开兴公司所有股权不低于9年。对于2011年至2016年的业绩，金向阳也给出了1 000万元、1 800万元、2 000万元、2 500万元、2 600万元、2 800万元的业绩承诺，如果佰金公司当年完成了业绩承诺，将业绩承诺净利润扣除依法提取的公积金后，全部用于现金分红上缴上市公司，若未能完成承诺，将由金向阳用现金补偿差额，如果其未能做到，则由宏达高科股价折合相应股份后从开兴公司所持宏达高科中扣除。

资料来源：混合并购案例［EB/OL］.（2015-07-07）［2021-03-19］. http://www.kj-cy.cn/article/201577/88867.htm

2. 按企业并购中的公司法人变更情况分类

（1）吸收兼并（Consolidation Merger）。吸收兼并是指在两家或两家以上的公司合并中，其中一家公司因兼并其他公司而成为续存公司的合并形式。续存公司仍然保持原有公司名称，全权获得其他被吸收公司的资产和债权，同时承担其债务，被吸收公司在法律上从此消失。例如，原作为独立法人企业的 A 公司和 B 公司合并，A 公司吸收了 B 公司，B 公司丧失法人资格，成为 A 公司的组成部分，从法律上讲，A 公司+B 公司=A 公司。

（2）创立兼并（Statutory Merger）。创立兼并是指两个或两个以上公司通过合并同时消失，并在新的法律和资产负债关系基础上形成新的公司。

3. 按是否经由中介实施并购划分

（1）直接并购。直接并购可分为前向并购和反向并购两类，前者的存续公司是买方，后者卖方仍然存续。前向并购是指目标公司被买方并购后，买方为存续公司，目标公司的独立法人地位不复存在，目标公司的资产和负债均由买方公司承担。反向并购是指目标公司为存续公司，买方的法人地位消失，买方公司的所有资产和负债都由目标公司承担。

（2）间接并购。间接并购是指并购公司并不直接向目标公司提出并购要求，而是在证券市场上以高于目标公司股票市价的价格大量收购其股票，从而达到控制该公司的目的。间接并购通常是通过投资银行或其他中介机构进行的并购交易。间接并购又可分作三角前向并购（Forward Triangular）和三角反向并购（Reverse Triangular），区别在于前者是指并购公司投资目标公司的控股公司，存续的是控股公司；后者则存续卖方。

4. 按跨国并购中的支付方式划分

（1）股票互换。股票互换是指以股票为并购的支付方式，并购方增发新股换取被并购企业的旧股。

（2）债券互换。债券互换是指增加发行并购公司的债券，用以代替目标公司的债券，使目标公司的债务转到并购公司。这里的债券类型包括担保债券、契约债券和债券式股票等。

（3）现金收购。凡不涉及发行新股票或新债券的公司都可以被认为是现金收购，包括以票据形式进行的收购。现金收购的性质很单纯，购买方支付了议定的现金后即取得目标公司的所有权，而目标公司一旦得到其所有股份的现金，即失去所有权。

（4）杠杆收购。杠杆收购是指一家或几家射手企业在银行贷款或在金融市场融资的情况下所进行的企业收购行为。杠杆收购的主体一般是专业的金融投资公司，投资公司收购目标企业的目的是以合适的价钱买下公司，通过经营使公司增值，并通过财务杠杆增加投资收益。通常投资公司只出小部分的钱，资金大部分来自银行抵押借款、机构借款和发行垃圾债券（高利率高风险债券），由被收购公司的资产和未来现金流量及收益作担保并用来还本付息。如果收购成功并取得预期效益，贷款者不能分享公司资产升值所带来的收益（除非有债转股协议）。

◢◢\ **导入案例 5-5** -----

蒙牛乳业拟 15 亿澳元收购贝拉米

ACB News《澳华财经在线》2019 年 9 月 16 日讯，婴儿奶粉生产商贝拉米（Bellamy's）已与中国蒙牛乳业有限公司签订一份约束性收购安排实施协议，根据该协议，蒙牛乳业将收购贝拉米 100% 的已发行股本。如果该计划得以实施，贝拉米的股东将获得总计每股 13.25 澳元的现金（包括现金和特别派息）。

贝拉米公告中说，公司的股权估值约为 15 亿澳元，不仅高于此前同类收购的估值水平，也高于贝拉米近期股价水平。与 2019 年 9 月 13 日收盘价 8.32 澳元相比，溢价为 59%。与截至 2019 年 9 月 13 日的 3 个月成交量加权平均价格相比，溢价为 54%。据现金收购估值，贝拉米企业估值为 2019 财年息税前利润的 30 倍。

贝拉米的董事会一致建议，如果没有更优的交易条件，且结合参考独立专家的意见，股东投票支持该计划。

贝拉米董事会主席表示："拟议的计划是一项具有吸引力的全现金交易，溢价比现行股价高出 59%。它反映了贝拉米品牌的实力、160 名热情员工的奉献精神以及我们的转型计划的进展。"

贝拉米首席执行官说："蒙牛是一家卓越的中国乳品公司，也是我们业务的理想合作伙伴。蒙牛为我们在中国的分销和成功提供了一个强大的平台，也给澳大利亚有机乳制品和食品行业发展奠定了基础。"

蒙牛乳业 CEO 说："贝拉米是一个领先的澳大利亚品牌，拥有骄人的塔斯马尼亚传统和为澳大利亚妈妈和爸爸提供高品质有机产品的历史。这个领先的有机品牌和贝拉米的本地运营和供应链对蒙牛来说至关重要。"

资料来源：蒙牛乳业拟 15 亿澳元收购贝拉米 ［EB/OL］.（2019-09-16）［2021-03-19］. http：//www. mofcom. gov. cn/article/i/jyjl/l/201909/20190902899059. shtml

三、股权参与和非股权安排

过去跨国公司的对外投资参与方式主要是股权参与和合作经营，目前非股权安排越来越多，这是因为东道国通过非股权安排得到重要工业部门的控制权，使跨国公司可以大大降低或化解经济、政治、交易、生产、技术开发风险。

（一）股权参与

股权参与（股份拥有）是指跨国公司在其子公司中占有股权的份额。西方发达国家跨国公司股权参与的类型有四种：①全部拥有，即母公司拥有子公司的股权在 95% 以上；②多数占有，即母公司拥有子公司的股权在 51%～94%；③对等占有，即母公司拥有子公司股权的 50%；④少数占有，即母公司拥有子公司的股权在 49% 以下。

（二）非股权安排

非股权安排是 20 世纪 70 年代以来广泛采取的形式，指跨国公司在东道国的公司中不参与股份，而是通过与股权没有直接联系的技术、管理和销售渠道，为东道国提供各种服务，从而扩大其对东道国公司的影响和控制。可见，非股权安排主要是跨国公司面对发达国家国有政策和外资逐步退出政策而采取的一种灵活手段，也是它们在发展中国家谋求继续保持地位的重要手段。非股权安排主要有以下几种形式：许可证合同、管理合同、交钥匙合同、产品分成合同、技术协作合同、经济合作等。

第四节　跨国公司的组织和管理

一、跨国公司组织管理体制设计的原则

跨国公司的组织管理体制在设计时，一般会遵循以下几个原则：

（一）集权与分权的原则

为了实现全球战略目标，需要根据总公司的总体发展目标来制定子公司的发展目标，将子公司的重大经营决策权集中于总公司；但子公司遍布世界各地，所面临的投资和生产经营环境千差万别，因而又需要将一些权力分散给子公司，以使其充分发挥灵活性和积极性。

（二）联系与协调的原则

跨国公司经营业务范围广，分支机构众多，为了保证总公司战略目标的实现，在设计组织管理体制时，应充分考虑各部门、各地区纵向与横向之间的联系与协调，避免不必要的扯皮，从而使公司整体有序运行。

（三）精干与高效的原则

跨国公司组织设计的目标是完成其经营管理任务。这就要求各子公司及各机构的设置科学化、经济化和合理化，机构要小，人员要精干，以提高工作效率，降低成本。

二、跨国公司的企业组织形态

在法律组织形态上，跨国公司通常采用股份有限公司的形式。而从层次上来说，跨国公司的法律形式又可分为设立在母国的母公司，设立在海外的分公司、子公司以及避税地公司等。

（一）跨国公司的母公司

母公司是指通过拥有其他公司的股份而控制其投资与生产经营活动，并使其成为自己的附属公司的公司。母公司对其他公司的控制一般采取两种形式：一是掌握其他公司一定数量的股权；二是两个公司之间存在特殊的契约或支配性协议，一个公司能形成对另一公司的实际控制。

母公司的法律特征主要表现在以下几个方面：

1. 母公司实际控制子公司的经营管理权

各国立法普遍认为，母公司对子公司的控制权主要指对子公司一切重大事务拥有实际上的表决权，其核心是对其子公司董事会组成的决策权。跨国公司实际的权力中心是董事会，所以控制了董事会就意味着控制了公司。

2. 母公司以参股或非股权安排实现对子公司的控制

母公司对子公司实施控制的具体方式，第一种是参股和控股，即通过拥有子公司一定比例的股权，足以获得股东会多数表决权，从而获得对公司重大事务的决策权，达到控制公司的目的。第二种是非股权安排，主要指通过各种协议达到实际上控制经营管理决策的目的。

3. 母公司对子公司承担有限责任

通常母公司对子公司以其出资额为限承担责任，母公司对子公司的债务不承担任何直接责任，这是由于在法律上，母公司和子公司各为独立法人。因此，母公司和子公司的关系实质上是股东与公司的关系，两者之间的关系适用公司法中关于股东与公司相互关系的一般规定，但许多国家的公司法对它们之间的某些特殊关系做了特殊规定，进行了特殊的法律管制。

（二）跨国公司的分公司

分公司是总公司在国外的派出机构，是总公司的组成部分，因而不是独立的经济实体。分公司的资产100%归总公司所有，总公司也承担清偿责任。分公司没有自己独立的企业名称和章程，也没有自己的资产和资产负债表。分公司受总公司的委托从事业务活动。

分公司与总公司同为一个法律实体，设立在东道国的分公司被视作"外国公司"，不受当地法律保护，而要受母国的外交保护。它从东道国撤出时，只能出售其资产，不能转让其股权，也不能与其他公司合并。

（三）跨国公司的子公司

子公司是指在经济和法律上具有独立法人资格，但投资和生产经营活动受母公司控制的经济实体。子公司拥有自己的公司名称和章程，实行独立的经济核算，拥有自己的资产和资产负债表，可以独立从事业务活动和法律诉讼活动。

子公司在东道国注册登记被视作当地公司，受东道国法律管辖，不受母公司所在地政府的外交保护。子公司在东道国除缴纳所得税外，其利润作为红利和利息汇出时，还需缴纳预扣税。所谓预扣税是指东道国政府对支付给外国投资者的红利和利息所征收的一种税，必须在缴纳此税后利润方可汇往境外。

（四）避税地公司

避税地又叫避税天堂（Tax Heaven），是指那些无税或税率很低，对应税所得从宽解释，并具备有利于跨国公司财务调度的制度和经营的各项设施的国家和地区。世界上著名的国际避税地有百慕大群岛、巴哈马群岛、巴拿马、巴巴多斯、瑞士、卢森堡、直布罗陀和中国香港等。

在避税地正式注册、经营，并将其管理总部、结算总部、利润形成中心安排在那里的跨国公司，就成为避税地公司。避税地必须具备有利于跨国公司的财务调度和进行国际业务活动的条件。例如，对其境内公司所得税一律实行低税率或免税；取消外汇管制，允许自由汇回资本、投资收益、经营利润；具备良好的财务服务、通信及健全的商法等。

正是因为有了避税地，才有了所谓的纸上公司（Paper Corporation）或皮包公司。而这些公司也正是积极频繁地利用跨国公司内部贸易及转移价格进行利润转移和国际避税的主体，通常实际的货物和劳务流向与在避税地账面上反映的流向并不一致，甚至经常有很大的偏差。

三、跨国公司组织结构的演变

总体来看，跨国公司组织结构的演变主要经历了以下几种形式：

（一）出口部

早期的跨国公司在国外活动的规模比较小，又以商品输出为主，通常采取在总公司下设立一个出口部的组织形式，以全面负责管理国外业务。当时国外业务在整个企业的经营活动中占的比重不大，因此，母公司对子公司很少进行直接控制。母公司与子公司之间的关系比较松散，主要限于审批子公司的投资计划，子公司的责任仅是每年按控股额向母公司支付股东红利，母公司实际上只起控股公司的作用，子公司的独立性很大。

（二）国际业务部

随着跨国公司业务范围的扩大，国外子公司数目增多，公司内部单位之间的利益矛盾日渐显露。母公司需加强对子公司的控制，出口部的组织形式已不能适应。继而许多公司采取在总部下面设立国际业务部的组织形式。

国际业务部总管商品输出和对外投资，监督国外子公司的建立和经营活动。国际业务部的作用表现在以下几个方面：为跨国公司筹划国外业务的政策和战略设计；为子公司从国际市场取得低息贷款；为子公司提供情报，提供更好的合作、配合和协调；可通过转移定价政策减轻或逃避纳税负担；为子公司之间划分国外市场，以免自相竞争。

国际业务部的组织结构如图 5-1 所示。

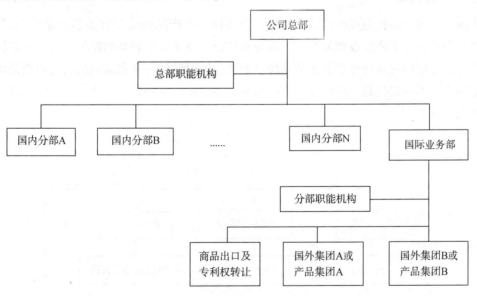

图 5-1　国际业务部的组织结构

（三）跨国公司全球性组织结构

20 世纪 60 年代中期以后，越来越多的跨国公司采用全球性组织来代替国际业务部。全球性组织结构从公司的整体利益出发，克服了国际业务部将国内和国外业务隔离的弊端，大大加强了总部的集中决策作用，适应了跨国公司全球化战略的发展需要。

全球性组织结构意味着跨国公司要建立更加复杂的内部结构，跨国公司可以分别按职能、产品、地区设立总部，也可以将职能、产品、地区三者作为不同的维度建立矩阵结构。

在矩阵结构基础上，跨国公司通过与外界的非股权安排，结成战略联盟，建立网络结构。

1. 职能总部

公司内负责制定特定职能的单位称作职能总部，负责跨国公司某一特定的行为，否则，这类行为将在国内和国外分别进行。国际性的采购机构、协调销售和营销的子公司或者负责售后服务的分支机构，都属于职能总部。在母国总部之外再建立职能总部，减少了母国总部的责任范围，使母国总部能够集中精力全面协调所有分散职能。反过来，每个特定职能总部承担着执行某种职能并直接向母国总部报告的责任。职能总部的组织结构如图5-2所示。

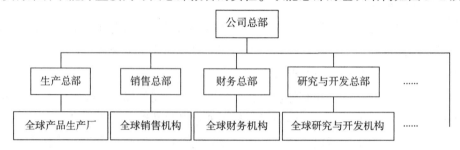

图5-2　职能总部的组织结构

2. 产品线总部

跨国公司按产品种类或产品设立总部，只要同一类产品都统归有关的产品线总部领导。这种组织形式适合于产品系列复杂、市场分布广泛、技术要求较高的跨国公司。产品线总部形式的优点是把国内和国外的业务活动统一起来，同时使销售和利润的增长与投资的增长更接近于同步。不足之处是产品线总部之间缺乏联系，使产品知识分散化。产品线总部的组织结构如图5-3所示。

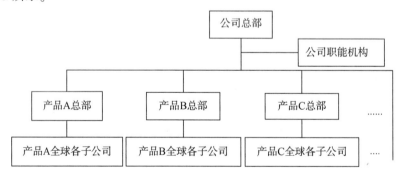

图5-3　产品线总部的组织结构

3. 地区总部

跨国公司按地区设立总部，负责协调和支持一个地区所有分支机构的所有活动。在这种组织形式下，母国总部及所属职能部门进行全球性经营决策；地区总部只负责该地区的经营责任，控制和协调该地区内的所有职能。地区总部的组织结构如图5-4所示。

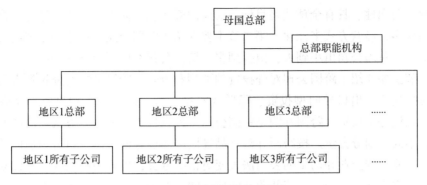

图5-4 地区总部的组织结构

4. 矩阵结构

职能总部、产品线总部、地区总部三种组织形式虽然都加强了总部的集中控制，把国内和国外业务统一起来，但是这些形式是一个部门（总部）负责一方面业务的专门负责制，不能解决和协调各职能、各地区、各产品部门之间的相互联系。为了解决这一问题，不少巨型跨国公司将职能、产品线、地区三者结合起来，设立矩阵式的组织结构。

（四）跨国公司组织变革的最新进展

随着信息技术的迅速发展和广泛应用，有关信息技术与组织变革之间的关系已成为信息系统和组织理论中人们关注的重要问题。20世纪西方跨国公司曾经历以减人增效为特征的组织变革热潮，20世纪90年代以来，基于信息革命的组织结构调整再掀热潮，其发展趋势表现在以下两个方面。

1. 变"扁"和变"瘦"

信息时代微电子技术的发展，信息处理技术的进步，使得公司中工人与管理人员的职责不再分明，这就对传统金字塔形管理组织提出了挑战。所谓变"扁"，是指形形色色的纵向结构正在拆除，中间管理阶层被迅速削减。所谓变"瘦"，是指组织部门横向压缩，将原来企业单元中的服务辅助部门抽出来，组成单独的服务公司，使各企业能够从法律事务、文书等后期服务工作中解脱出来。

2. 全球网络组织

金字塔形结构是制造业时代代表性的企业结构，网络型结构则是信息时代的代表性组织结构。全球网络组织的最大特点是流程短，流程不重合而使信息充分，失真度小。网络组织结构由两部分组成：一是战略管理、人力资源管理、财务管理与其他功能相分离，从而形成一个由总公司进行统一管理和控制的核心；二是根据产品、地区、研究和生产经营业务的管理需要形成组织的立体网络，这一网络具有柔性，即网络中机构的重要性随着项目性质而变化。

本章小结

本章第一节主要介绍了跨国公司的定义和特征。跨国公司主要是指由两个或两个以上国家的经济实体所组成，并从事生产、销售和其他经营活动的国际性大型企业。跨国公司的主要特征体现为跨国性、具有全球战略目标、公司内部的相互联系性、生产经营规模庞大、国外分支机构众多、经营方式多元化。第二节主要介绍了跨国公司的产生和发展的过程。经历了一个多世纪，跨国公司由小到大，由少到多，跨国公司在国际经济活动中的主体地位日益显著。第三节主要介绍了跨国公司对外投资的类型和方式。跨国公司对外投资大致可以划分为资源导向型投资、出口导向型投资、降低成本型投资、研究开发型投资、克服风险型投资、发挥潜在优势型投资。跨国并购是跨国公司对外直接投资的主要方式，跨国并购按照不同的标准有不同的划分方法。按跨国并购产品异同或产业方向分类，可分为横向并购、纵向并购、混合并购；按企业并购中的公司法人变更情况分类，可分为吸收兼并和创立兼并；按是否经由中介实施并购可分为直接并购和间接并购；按跨国并购中的支付方式可分为股票互换、债券互换、现金收购、杠杆收购。第四节介绍了跨国公司的组织和管理。跨国公司在法律组织形态上，通常采用股份有限公司的形式，而从层次上来说，跨国公司的法律形式又可分为设立在母国的母公司，设立在海外的分公司、子公司以及避税地公司等。在组织结构的演变上，则主要经历了出口部、国际业务部、跨国公司全球性组织结构等几种形式。

本章思考题

1. 名词解释。

   跨国公司　跨国经营指数　跨国并购　吸收兼并　股权参与　非股权安排

2. 如何理解"跨国公司"这一概念，衡量跨国公司国际化经营主要有哪些指标？

3. 近年来，跨国公司的发展出现了哪些新趋势？

4. 什么是股权参与和非股权安排，各有什么特点？

5. 跨国公司的组织结构是如何演变的？

6. 案例分析：阅读以下材料，结合现实分析跨国公司对新加坡经济发展的重要作用。

《联合早报》2021年3月3日报道：全球经济环境仍充满挑战，新加坡若要从激烈竞争中脱颖而出，就必须具备更宽广的全球视野和更长远的思考。新加坡贸工部长陈振声勾勒了三大战略，协助新加坡企业与商家在这充满挑战的环境中，化危机为转机。

陈振声3月2日在国会拨款委员会辩论贸工部开支预算时说，新加坡仍未走出自独立以来最严重的经济衰退。"我们正处于充满挑战的经济环境中，复苏依旧是高度不确定的。可以确定的是，我们不会回到冠病疫情前的世界。"

全球竞争日益激烈，陈振声指出，这些竞争更加国际化和数码化，不局限于本地和实体世界。国际竞争也不再只是重视成本与效率，更重视韧性和安全。"这些改变都将持续加速。若要胜出，我们的行动必须灵活、迅速和一致。"

首先，新加坡必须加强作为全球商务与科技中心的地位。陈振声说："数码联通、合作、监督以及执行的便捷性，都将重新定义商业中心的角色。"不过他认为，国际社会仍需要优质的商业中心，以进行实体的高增值交易和可信赖的合作。"新加坡若要成为全球少数优质、可信赖的商业中心，我们必须创造一个独特的环境。"这包括建立清晰、透明、一致以及连贯的法律与政策框架，允许企业与商家调动资本、招揽人才，以及保护知识产权。

其次，新加坡须巩固在国际价值链的地位。陈振声说，竞争的本质已改变，品质与成本虽然依旧重要，但其他更重要的因素已浮现，例如，推出新产品与开拓新市场的速度、供应链的韧性，以及创新点子的品质。新加坡不仅要发展新兴行业，如农业食品科技、城市运输，以及可持续的城市解决方案等，还必须发展关键能力，以便在每一个选择投入的领域中不被轻易取代。

陈振声勾勒的第三个战略是增强企业与员工的能力与技能，提高在全球的竞争力。过去五年，新加坡政府为跨国公司和中小企业各提供了 130 亿新元和 210 亿新元资助。陈振声强调，不能单纯检视金额以及相应的回报与增值，因为跨国企业与本地公司的关系是共生的。"如果在本地的跨国企业发展良好，它们更有可能与本地公司合作，并向本地公司采购，将它们视为价值和供应链的一部分。"

若能结合这三大战略，陈振声称，新加坡有信心能从这场危机中发展得更加茁壮，并拉开与其他竞争者的距离，为下一代新加坡国人带来更多机会。

资料来源：新加坡工贸部长陈振声：须有更宽广视野和长远思考三大战略助新加坡化危为机［EB/OL］.（2021-03-03）［2021-03-22］. http://www.mofcom.gov.cn/article/i/jyjl/j/202103/20210303043623.shtml

跨国银行——国际直接投资的金融支柱

（1）掌握跨国银行的定义和特征。

（2）了解跨国银行的组织形式和运作系统。

（3）了解跨国银行与跨国公司的密切关系。

摩洛哥银行业在非洲迅猛扩张

继工业和贸易资本之后，跨国银行的金融资本近年来开始在南方国家扩展。在这方面，摩洛哥银行业最近十多年来在非洲的国际化进程值得关注，它完全符合摩洛哥最高权力机构倡导的促进与撒哈拉以南非洲国家团结合作、共同发展的外交政策。事实上，作为在西非经货联盟（UEMOA）运营的五大巨头之一，摩洛哥银行业已经成为该国在非洲显示其国家存在的先锋。据西非经货联盟银行委员会统计，2018年摩洛哥银行业占据联盟27.8%的市场份额和超过30%的净利润。

一、国际化进程的多重动因

如果仅从摩洛哥银行业的管理动机、增长与收益的战略选择等表象解读这股国际化浪潮，可能会将其误读为一个孤立现象，而看不出其卓越之处。然而，对非洲市场的取舍不仅体现了银行的个体选择，它更是一种集体的、审慎的并且具有战略眼光的举措。

摩银行业在非洲推行国际化主要得益于五个关键因素：一是配合摩经济重心转向非洲大陆的最新政策；二是弥补摩国内市场不完善的缺憾；三是开发目标市场银行化率低所蕴藏的巨大潜力；四是跟踪服务已经扎根非洲的工业集团客户；五是受非洲经济水平显著增长的吸引。

二、深刻影响非洲经济面貌

对西非经货联盟内运营的三家摩洛哥银行在2006—2017年间的发展情况加以量化分析，不难发现它们在此区域中实力有所增强。分析对象包括Attijariwafa银行、BMCE BoA银行和中央人民银行（BCP）。

根据西非央行（BCEAO）数据，以布基纳法索为例，2006年摩银行业仅占到该国银行账户总数的6%，而到了2015年和2017年，该比例分别增长到28.57%、29.96%；仅用十年时间，摩银行业的网点覆盖率从5%上升至25%；2006年摩洛哥银行雇佣员工仅占布银行从业人员总数的5%，而十年之后则增至22%。在马里，2007年摩银行业提供的贷款仅占全国总额的10%，而2015年竟猛增至44.42%；2007年银行网点覆盖率为8.4%，2015年则蹿升至48.21%；2007年账户占比为8.4%，2015年增至36%；2007年银行从业人员雇佣率为9.96%，2015年增至29.5%。

三、自身独到的经营策略

总体上看，2007年摩银行业在西非经货联盟内提供贷款的比例为11%，而2017年这个比例达到29.6%，足见摩银行业的融资对西非经货联盟的经济发展贡献卓著。但深究摩银行业贷款的变化情况与联盟成员国私人投资周期之间的关联，可以看出摩银行业的信贷政策始终伴随着当地经济活动的走向，即在实业活动扩张的阶段大量授信，而在经济衰退时期则削减信贷规模。

影响摩银行业国际化的另一个方面是摩在非洲的外国直接投资。由于担心自己的客户与其所在国家的同业竞争者建立联系，摩银行业选择了追随自己的客户进军非洲。因此，自最初阶段以来，摩银行业的国际化运动一直就是自我维持的。如今它犹如一个巨大的引力场，不仅可支持已经在非洲扎根的公司，还吸引着来自摩洛哥本国的新投资者纷至沓来。

四、非洲英语区或是未来拓展的主要方向

虽然摩银行业在非洲的存在还主要集中在法语区，但其未来发展是否会延伸至非洲英语区，尤其是越来越引起人们兴趣的非洲东部？答案应当是肯定的。

事实上，自从在非洲东部出现了BMCE BoA银行的身影之后，Attijariwafa银行也在暗中着手在同一地区进行收购。

摩银行业在西非地区积累的经验，将为摩洛哥在非洲东部施加经济影响提供诸多灵感。

资料来源：摩洛哥银行业在非洲迅猛扩张 [EB/OL].（2019-08-12）[2021-01-18]. http：//www. mofcom. gov. cn/article/i/jyjl/k/201908/20190802889993. shtml

第一节 跨国银行的定义及特征

一、跨国银行的定义

目前为止，尚未就跨国银行形成明确和统一的定义，不同的学者对跨国银行有不同的观点。

学者卡森（Casson，1990）、希拉·赫弗兰（Shelagh Heffeman，1996）认为，跨国银行是指一家在两个或者两个以上国家拥有和控制银行业务的银行。

联合国跨国公司中心把跨国银行列为跨国公司的一部分，对其从事的跨国业务种类，以及其海外机构的数量和形式都有规定。即跨国银行指至少在五个国家和地区设有分行或拥有大部分资本的附属机构的银行。

英国的《银行家》杂志对跨国银行有新的定义：一级资本在 10 亿美元之上，境外业务为其主要业务且占很大比重；与此同时，还必须在主要的金融中心设立分行；除此之外，海外的资产、员工数量也是考量是否为跨国银行的重要标准。

综上所述，结合不同学者和机构对世界银行的不同定义，可以得到一个对跨国银行普遍认可的定义。

跨国银行（Transnational Bank）也称多国银行，是指以国内银行为基础，同时在海外拥有或控制着分支机构，并通过这些分支机构从事多种多样的国际业务，实现其全球性经营战略目标的超级银行。

二、跨国银行的基本特征

全球跨国银行虽然有着不同的发展背景和表现形式，但是其基本特征是相同的。根据上述定义，跨国银行的特征包括以下四个方面：

（一）跨国银行具有派生性

跨国银行是国内银行对外扩张的产物，其具有商业银行的基本属性和功能。跨国银行的发展史表明，只有在国内成为处于领先地位的重要银行，才能凭借着其雄厚的资本、先进的技术、科学的管理、良好的信誉实现海外扩张。世界著名的银行，如英国的汇丰银行、美国的花旗银行、法国的农业信贷银行、日本的三菱 UFJ 银行等在各自的国内也都是主要银行之一。

（二）跨国银行具有全球战略目标

跨国银行具有全球性的战略目标有其必要性。一方面，国际金融自由化趋势和金融创新浪潮既为跨国银行提供了机遇，也带来了更为激烈的竞争和更大的风险。跨国银行只有具有全球性的战略目标，才能在全球范围内调度资金，广泛开展各种业务，实现其资产规模和利润的最大化目标。另一方面，20 世纪 70 年代以后，电子信息技术、计算机网络技术的迅猛发展以及在金融领域的不断应用，为总行和各个分行之间及时、有效地统一行动提供了技术手段，使跨国银行全球化经营成为可能。

（三）跨国银行国际业务经营具有非本土性

跨国银行通过在海外设立分支机构来运营国际业务。与此同时，也在本地金融市场上直接进行业务往来。相对国内银行而言，跨国银行经营范围更宽，经营内容更多，经营形式也更加多样化。跨国银行与其国外分支机构之间有着所有权以及控制权之间的隶属关系。其经营范围也在由传统的银行金融服务（如信用证融资、托收、汇兑等）向非银行金融服务在内的综合服务（如证券包销、企业兼并、咨询服务、保险信托等）方向发展。

（四）跨国银行的机构设置具有超国界性

在海外设立各种类型的分支机构是跨国银行的根本特征之一。联合国跨国公司中心认为，在 5 个不同国家或地区设有分行或附属机构的银行才能称作跨国银行。跨国银行的分支机构主要设立在发达国家以及新兴的工业化地区。近几年来，许多发展中国家和经济转轨国家的开放程度不断提高，跨国银行在这些国家和地区的数目迅速上升。

第二节　跨国银行的形成与发展

一、萌芽产生时期（15 世纪—20 世纪初）

意大利的麦迪西银行（Medici Bank）是最典型的中世纪的跨国银行。其总部设在佛罗伦萨。麦迪西银行主要为国际贸易服务，在西欧八大城市设有分行。16 世纪以来，德国、英国、荷兰的国际银行逐渐崭露头角。到 1910 年，仅总部在伦敦的 32 家银行便在其殖民地拥有 2 100 多家分行。此时，它们已经具备了跨国银行的雏形，但其海外分支机构的业务范围还十分有限，国际业务占总业务量的比重也不大。至今，米德兰银行（Midland Bank）、香港上海汇丰银行（Hongkong & Shanghai Bank Corp.）、标准渣打银行（Standard Charted Bank）等依然存在。

二、迅速发展时期（20 世纪 60 年代—80 年代）

第二次世界大战后，各个国家都把重心转到了经济建设上，各国经贸交往的扩大以及欧洲货币市场的产生都促进了金融资本的国际化。以美国为例，其跨国银行开始了大规模的海外扩张。据统计，美国海外经营跨国银行总数在 1960 年仅为 8 家，到 1980 年已经达到 139 家，海外分行 1960 年不超过 124 家，1980 年增至 789 家。从海外分行的资产看，1955 年仅为 20 亿美元，1960 年也不过 35 亿美元，1970 年增至 526 亿美元，1980 年达到了 4 005 亿美元，是 1970 年的 7.6 倍多。美国银行还积极参与组建银团银行，1975 年全球 88 家银团中，美国参加了 32 家，占 40%。可见美国跨国银行海外扩张的速度之快。

这一阶段的国别特征是美国银行的对外扩张以及日本银行的后来居上，20 世纪 80 年代后期，日本跨国银行的实力甚至一度超过了美国，具体统计数据表表 6-1 所示。

表 6-1　美国、日本跨国银行统计

项目	美国			日本		
	1969 年	1979 年	1987 年	1969 年	1979 年	1987 年
入选世界 50 大银行的数量/家	15	7	4	10	13	21
入选银行的资产总额/亿美元	1 676	4 305	4 651	679	7 214	34 237
入选银行资产额占 50 大银行资产额的比重/%	40.2	15.6	6.8	16.3	26.1	50.1

三、调整重组阶段（20 世纪 90 年代初—中期）

20 世纪 90 年代初，欧美各国相继进入经济衰退期，日本泡沫经济破裂，使西方银行陷入经营效益滑坡的困境；而金融自由化的发展及非银行金融机构的竞争，又使银行所面临的风险与日俱增。在这样的背景下，跨国银行为适应经济、金融自由化的趋势，开拓新的银行业务，以提高其国际竞争力，由此银行业也进入混业经营时代。

不少银行为了提高市场占有率和减少竞争对手，通过并购和跨国并购等方式来进行调整重组。仅1995—1996年，全美便发生1 176件银行并购案，涉及交易金额825亿美元，全美银行数由1985年的14 417家减至10 168家。国际银行业的兼并风潮也广泛地波及欧洲、日本等地，如芬兰堪萨斯银行（KOP）与芬兰联合银行（KBF）合并，成为该国当时最大的一家银行，日本三菱、东京银行合并，组成东京三菱银行。

四、创新发展阶段（20世纪90年代中期至今）

20世纪90年代以来，银行业的竞争更加激烈，为应对竞争压力，跨国银行延续了20世纪年代初的"并购风"，同时加强创新，提高自身的业务能力和技术开发。这一时期总的特征是重组化、全能化、电子化和本土化四大趋势。

（一）国际银行的重组并购愈演愈烈

在创新发展阶段，国际银行业的并购风已经达到了前所未有的水平，并有不断升级的趋势。这股银行并购之风在北美率先掀起，并迅速席卷欧洲和日本。

超大型跨国银行的建立和"强联盟"的进一步实施是此次并购浪潮的最大特点。

（二）跨国银行向全能化发展

随着金融业的不断创新，传统银行业务受到证券、保险、基金等非银行金融机构的强烈冲击。特别是融资证券化趋势（即金融脱媒现象）对银行的传统信贷业务造成了极大的挤压。为了应对新的挑战，跨国银行扩大了业务范围，向"金融百货店"方向发展，而各国放松金融监管的金融自由化趋势消除了银行全面发展的障碍。目前，跨国银行发展的主要新业务包括信托业务、投资银行业务、现金管理业务、保险业务、房地产业务、共同基金运营管理业务、财务咨询业务和信用担保业务。跨国银行的普遍发展模式主要有三种，即德国的普遍银行模式、英国的金融集团模式和美国的金融控股公司模式，具体如表6-2所示。

表6-2　德、英、美三国跨国银行全能化发展模式的比较

项目	德国全能银行	英国金融集团	美国金融控股公司
银行能否在银行集团内提供所有的金融服务和合同	能	能	不能
对金融服务结构有无分开的监管要求	无	有	有
银行在公司客户中有无控股权	有	无	无
银行有无能力选择组织结构	有	无	无
有无内部防火墙	无	有	有
有无外在防火墙	无	有	有
信息优势	能够完全实现	如果不能共享信息，可能降低信息优势	由于各业务单位之间限制信息交流，严重减少信息优势

续表

项目	德国全能银行	英国金融集团	美国金融控股公司
规模与范围经济	能够完全实现	由于业务隔离，不能完全一体化	由于要求不同业务部门的业务隔离，因此减少了规模和范围经济
通过交叉销售产品增加收入	可以完全实现	由于只有银行才能利用其出口，交叉销售产品受到一定程度限制	有限
利益冲突	有限保护	可能减少	可能减少

（三）电子化推动跨国银行的创新

所谓"电子跨国银行"，是指银行服务、工具和结算方式的电子化银行。这是数字技术在跨国银行中广泛应用和发展的结果。计算机和电子信息技术在银行业的应用取得了很大的发展，使银行系统拥有了先进的计算机系统和周边设备，为国际银行业务的拓展、服务手段和金融产品的更新创造了条件。1996 年，世界上第一家互联网银行——安全网络银行问世，以其特有的快捷、方便赢得了银行和客户的青睐。此后，出现了 La Falla Band、First Union 等网络银行，银行业的业务领域逐渐向网上银行转移。自 1996 年中国银行在中国建立网站，尝试开展网上银行业务以来，网上银行已成为中国银行业发展的一个重要方向。

在批发银行业务中，银行借助电子技术公司为客户提供了大量的现金管理服务，如支付账户控制、账户调整、电子资金划拨、支票存款服务、电子开证等。在零售银行业务中，电子技术的应用为银行创造了一些非常重要的支付方式，如自动柜员机、销售点借记卡、家庭银行业务、电话账单支付等。1985 年，中国银行珠海分行发行了中国第一张信用卡。截至 2019 年年底，全国信用卡发行总量为 68.6 亿张，交易总额达 751.4 万亿元。可见，电子货币和电子消费的迅速普及是银行电子化的驱动力。

（四）跨国银行加强本土化经营策略

随着跨境银行并购浪潮的加速、业务范围的扩大和业务覆盖范围的扩大，跨国银行开始调整发展战略，推进经营本土化。本地化战略主要是指在分析东道国国内客户需求的基础上，充分发挥跨国银行自身的竞争优势进行产品创新，尽快实现人员、金融产品、金融技术和当地文化的融合，这样既适合了当地顾客的需求，又强调了外资银行的竞争优势，成为外资银行制胜的重要法宝。

第三节　跨国银行的运行系统

跨国银行的运行系统包括母行与海外分支机构的组织结构关系以及这些分支机构的具体形式。

一、母行与海外分支机构的组织形式

（一）分支行制

跨国银行的分支行制，是指母行在海外设立和控制各种类型的分支机构，通过这些分支机构来开展跨国经营活动的组织结构形式。这些分支机构根据不同的级别构成一个金字塔形的网络结构，具体如图6-1所示。

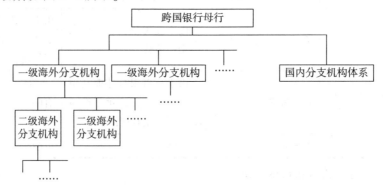

图6-1 分支行制跨国银行的组织结构

（二）控股公司制

跨国银行的控股公司制，又称集团银行制，是指银行通过"银行持股公司"（Bank Holding Company）建立海外分支机构网络。这种组织方式以美国最为典型，美国跨国银行的海外分支机构可以由银行或持股公司直接设立，而更多的是通过其附属机构——爱治法公司（Edge Act Corporation）设立，具体如图6-2所示。

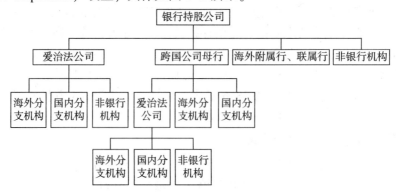

图6-2 控股公司制跨国银行的组织结构

（三）国际财团银行制

跨国银行的国际财团银行制，是指由来自不同国家或地区的银行以参股合资或合作的方式组成一个机构或团体来从事特定国际银行业务的组织方式。与为某项贷款而由多家银行组成的贷款辛迪加（Loan Syndicate）不同，辛迪加是不具备法人资格的临时组织，而国际财团银行是正式注册的法人。

二、跨国银行海外分支机构的形式

（一）海外分行

海外分行（Branches）是跨国银行根据东道国法律规定设立并经营的境外机构，是母行的一个组成部分，且不具备独立的法人地位，受委托代表母行在海外经营各种国际银行业务，其资产负债表列入母行的资产负债表，而且其信贷政策和经营战略同母行也保持一致，母行则需为其承担无限责任。

（二）附属行或联属行

附属行（Subsidiary）或联属行（Affiliate）这两种形式作为独立法人在当地注册的经营主体，是由跨国银行与东道国有关机构共同出资设立或兼并、收购当地银行而成立的，跨国银行因持股关系而承担有限责任。两种形式的区别在于：附属行的大部分股权为跨国银行所有，而联属行的大部分股权由东道国机构掌握，两者一般以50%为界限进行区分。它们往往可以经营许多海外分行所不允许经营的业务，在较大限度内进入东道国市场。

（三）代表处

代表处（Representative Office）是在跨国银行不具备设立分行或附属机构条件的地方设立的办事机构，是跨国银行最低层次的海外分支机构。这类机构的工作人员很少，一般由2~3人组成。代表处实际上是跨国银行为在当地扩展业务而设的非银行机构，其主要职责是向母行提供当地政府或企业的经济信息和其他有关情况，它可以为总行承揽业务、介绍客户，但不能从事存放款业务。

（四）国际联合银行

国际联合银行（Consortium Bank）是20世纪60年代新兴的跨国银行组织。它是由一些银行组织而成的集团，每家银行以持股的形式各掌握低于50%的所有权和控股权，其主要业务是在欧洲货币市场上从事大额贷款。组建这种银行主要是为了加强银行在国际金融市场的竞争能力，集中资金进行大规模投资，并分散风险。

（五）爱治法公司

爱治法公司是美国跨国银行根据1919年修订的联邦储备法允许设立的最为重要的、经营国际银行业务的海外分支机构形式（虽然其地理位置可能在美国国内）。爱治法公司存在两种类型：银行爱治法公司及投资爱治法公司。前者是美国跨国银行经营国际业务及设立海外分行的主要机构，后者则主要通过投资国外金融机构为母行建立附属行等。

第四节　跨国银行与跨国公司的关系

跨国银行和跨国公司一直有着极为紧密的联系，这种联系是先天性的、无法分割的，两者在经营领域互相依托扶持，在共同经营的利益上分成明确。从某种角度上来讲，跨国银行所开展的国际金融业务是跨国公司经营及发展的大前提，而相应的，跨国银行的业务扩展，同样依托于跨国公司的生产和投资。所以说，二者之间的关系是非常紧密的。

一、跨国银行与跨国公司的混合成长

从成长的角度来分析，在跨国公司开展国际业务时，相应所属地的银行会通过外国代理行对其提供资金方面的服务。然而，随着跨国公司数量的逐步增多、所开展国际业务规模的不断增大，这种方法显然已经不再便捷。为此，西方国家的部分银行便在国外代理银行的基础上，为跨国公司的国际经营活动重新设立分行和功能专一的附属机构，为其提供高效的跨

国金融服务。

在第二次世界大战之后，跨国银行迎来了一个规模与数量迅猛发展的时期。究其原因，这与战后跨国公司的地域性扩张，以及对金融服务的密切需求是不可分割的。这种互相关联的关系，使跨国公司和跨国银行的发展紧密地联系在了一起，形成一种独立而又混合的成长模式。例如，在第二次世界大战后，美国规模最大的几家跨国银行，如花旗银行、大通马哈顿银行、美洲银行、摩根信托保险公司等，都无一例外地在全球各地建立分行以及分支机构，为当时美国工业和矿业公司的国际化经营提供了便捷的资金支持。而与此同时，日本、瑞士等国的跨国银行也开始学习美国的银行，与其本土的国际化公司展开业务上的合作，并将全球扩张作为很长一段时间内的目标。

不仅是业务上的联系，跨国银行和跨国公司在组织和人事方面也有所关联，这种联系主要表现在：

（1）跨国银行具有跨国公司相当一部分的股票控制权，这种控制权让它们可以直接参与跨国公司的业务经营。例如，美国摩根财团的代表作为主要成员，入驻了一百多家跨国公司的董事会。而美国摩根信托保险（名称略有不同，但本质与跨国银行类似）的董事会，也有许多其他财团的代表委员。

（2）不仅仅是一些工业领域的跨国公司，跨国银行也青睐于与农业以及服务业有关的跨国公司进行合作，这说明跨国银行对跨国公司的业务选择是非常多样化的。

（3）在人事架构上，跨国银行经常会和跨国公司互换经营人员，比如在当前，绝大部分跨国银行有其他公司派驻过来的经理人，这些经理人往往没有金融行业的背景，而几乎所有的跨国公司经营者中也有跨国银行中高层人士的身影。

二、跨国公司对跨国银行的需求

跨国公司在全球金融网络、多样化服务，以及组织和分布方式上都对跨国银行有相当程度的依赖和需求。

（一）对全球性金融网络的需求

跨国公司的主要经营目的是建立具有全球性资金链的整体布局，但囿于自身事业公司的特点，很难在世界各地都设置可以为自己提供有效服务的金融网点，而跨国银行的存在正好是对这方面的完美补充。

跨国银行一般拥有遍布全球，并可提供有效金融服务的国际化一体化网络，而这种网络可以给跨国公司在世界各地的贸易结算和债务清偿提供便利的服务。与此同时，跨国银行可以通过这种国际化网络吸收货币存款，进行贷款业务，进而也解决了资金筹集和投资方面的需求。不仅如此，经营范围涉及全球，代表了其信息网络也遍布全球各大城市，就可以为跨国公司提供非常宝贵的金融咨询服务，帮助其进一步发展自己的业务。

（二）对跨国银行广泛和多样化服务的需求

跨国公司的主营业务就是国际投资和贸易，众所周知，这种业务的风险较大，同时收益也较高，因此，跨国公司对经营谋利和规避风险的需求也极为强烈，而跨国银行恰好能够提供解决其痛点的多样化的国际金融服务。

（三）对跨国银行国际组织方式和分布的需求

跨国公司在经营过程中，同样对跨国银行的分支机构有着相应的资信和地位需求。例如，跨国银行较小的办事处，一般无法对跨国公司提供全面、整体的国家化金融服务，因此跨国公司并不青睐于与这些小体量的办事处合作。但相应地，跨国银行的国外分行，一般是可以且有能力在总行的担保下为跨国公司提供较大数额的信贷资金，因此得到了跨国公司的广泛欢迎。

所以，跨国银行在全球的扩张方式，一般偏重于建立分行而非简单的办事处，原本的办事处也始终在功能和服务上向分行的体量发展。与此同时，每当跨国公司进入一个全新的国家和市场时，也乐于向当地的跨国银行寻求投资环境、信息获取、法律支持、金融贷款等领域的支持和服务，这可以为跨国公司的进入提供捷径。所以，综合而言，跨国公司的全球化经营活动会根据跨国银行的地域分布和分支类型进行相应的规划和调整。

三、跨国银行对跨国公司的支持

需求和支持是相互的，跨国公司在国际生产、投资、贸易中的需求亟待解决，而这也正是跨国银行专注于开展的业务领域，两者混合成长，并最终呈现出跨国银行在金融方面对跨国公司进行整体、全面支持这一金融结构，这种结构的意义在于：

（一）提供扩张资金支持

因为跨国公司的业务本身就涉及全球领域，面临的市场和风险都比较大，因而经常会遇到筹集资金的问题。在第二次世界大战之后，跨国公司大规模扩张，对资金的需求也越发旺盛，借入资金在整体资金中的占比也越来越大，为此，它们向跨国银行这一世界上最主要的国际接待服务商寻求帮助，并凭借跨国银行优秀的世界范围资金调动能力来满足自己的扩张需求。不论是在美国、欧洲还是日本，跨国公司的扩张资本一般由跨国银行提供，这也是它们借入资金的主要来源。

（二）分摊跨国经营风险

在经营过程中，跨国银行一般会全程参与跨国公司的扩张和投资，并通过自己的资金调动能力、信息收集能力，为其分担资金和投资风险，提高收益水平。例如，美国大通银行的分支机构，也就是大通国际投资公司，就曾对美国对外加工和采集工业的两个巨头公司提供过合股投资业务。

（三）提供资金中介服务

国际资金中介服务，即对跨国公司与其各地的分公司之间的账户结算、货币收支、国际汇兑、资金存放、资金流动提供支持的业务。尤其是在互联网技术普及之后，通过计算机和网络信息，跨国银行可以将世界各地的分行连接起来，在跨国公司有需求的时候，为其提供快速、便捷的国际资金中介服务。

（四）其他类型的服务

在第二次世界大战之后，跨国公司的规模和数量都不断增多，随后跨国银行也广泛参与到各个经营活动之中。如，在跨国公司的经营过程内，跨国银行为其提供资金管理、汇率预测、交通工具租赁、分公司建设统筹、兼并对象的寻觅和考察等业务。

四、跨国银行在国际投资中的作用

跨国银行从成立伊始，就着手于国际金融化服务，并作为中介和枢纽在国际投资中发挥着至关重要的作用。这方面的作用一般体现在当跨国公司以及其他国际投资者相关贸易展开时对其资金和服务方面的支持。

（一）跨国银行为国际投资者提供跨国融资的中介服务

跨国公司在开展国际化业务乃至国际直接投资时，往往在资金上有着巨大的需求。而相比于国际上诸多的间接投资者和短期借贷者，跨国银行不论是在资金的数额、期限还是币种上都有得天独厚的优势，跨国银行可以通过这种优势，在跨国公司和投资者之间架设一道牢固的桥梁，并为此提供相应的票据兑换、贴现等服务，为这种大额、长期的接待提供流动性。

目前，随着经济发展，这种传统的信贷服务也出现了证券化的趋势。例如，跨国银行可以通过自己长期以来建立的声誉和资信，通过发行银行债券，以较小的成本筹集大量的资金，以解决跨国公司的债务问题；而在资产流动业务方面，跨国银行也可以以债权人的身份将借款人的债务转化为股权或债券。从某种意义上来讲，跨国银行以一种中介的方式，为原本固化的资金提供了较强的流动性。

（二）跨国银行为投资者的跨国支付提供中介服务

跨国银行在建立的过程中，一般会广泛地布局分支机构和代理银行网络，以为后续的世界范围的现金收支和转账结算提供服务。而部分国内银行在进行国际支付的过程中，一般会通过相应的海外分支机构进入该国，并以该国的货币进行支付结算，而跨国银行则会直接通过自己的海外分支机构以及分行进行国际支付结算。比如，美国银行间的清算系统 CHIPS 就是专门开发出来，面向多家跨国银行进行国际资金支付结算的系统，与之类似的系统还有环球银行的 SWIFT、伦敦外汇的 ECHO 等。

（三）跨国银行为跨国投资者提供信息咨询中介服务

跨国银行因为自身的资质和功能，以及覆盖全球的机构网络，得以掌握大量不同国家、区域的金融信息，而其内部又汇聚了诸多财务管理、金融投资方面的专业人士，进而可以向跨国投资者提供全面的、多样化的投资咨询服务。这种服务可以帮助咨询者更好地把控投资风险，有效拓展海外业务。据美国大通曼哈顿咨询集团的意向调查，部分跨国银行对大公司的贷款收益率仅为5%～7%，但信息服务费却有40%～80%。

除此之外，跨国银行还在国际投资中作为其他的角色发挥着重要作用，比如，作为跨国公司股东间接进行该公司的国际投资活动，作为直接经营者通过海外分行和分支机构进行投资。

然而，除了这些正向的作用之外，跨国银行的运作在国际投资中同样会产生某些负面的影响，比如对东道国金融环境的影响，以及造成全球范围内的金融危机，等等。

本章小结

　　本章第一节主要介绍了跨国银行的定义和特征。跨国银行也称多国银行，是指以国内银行为基础，同时在海外拥有或控制着分支机构，并通过这些分支机构从事多种多样的国际业务，实现其全球性经营战略目标的超级银行。跨国银行的特征包括：跨国银行具有派生性，跨国银行具有全球战略目标，跨国银行国际业务经营具有非本土性，跨国银行的机构设置具有超国界性。第二节介绍了跨国银行的形成与发展过程。20 世纪 60 年代至 80 年代是跨国银行快速发展的时期，在此阶段跨国银行在国内范围内合并，经营规模迅速扩大，全球跨国银行的势力格局也在美国、欧洲、日本间发生着变化；20 世纪 90 年代初至 90 年代中期，是跨国银行调整重组的阶段，此时跨国银行的兼并活动频繁，并以国内兼并为主，同时，跨国银行着力于银行内部结构的调整和改善；20 世纪 90 年代中期至今，是跨国银行创新发展时期，国际跨国银行的巨型重组、银行经营的全能化、网络电子化和本土化的普及等特征构成了现代银行发展的四大趋势。第三节主要介绍了跨国银行的运行系统。跨国银行的运行系统包括跨国银行母行与海外分支机构的组织结构关系及这些分支机构的具体形式。就母行与分支机构的组织关系而言，主要有分支行制、控股公司制和国际财团银行制三种类型；就海外分支机构的具体形式而言，又可分为分行、附属行或联属行、代表处、国际联合银行等多种形式。第四节介绍了跨国银行与跨国公司的关系。

　　在国际投资过程中，跨国银行与跨国公司具有先天的紧密关系，两者相互依托、相互支持、共同分享经营利益。一般地说，跨国公司国际投资等活动的发展要以跨国银行国际金融活动能力的发展为前提，而跨国银行业务的扩大又要依托于跨国公司的国际生产和投资的进一步发展。作为金融类跨国企业，跨国银行在国际投资中发挥着服务中介枢纽的作用，这是跨国银行最基本、最重要的作用。此外，跨国银行还具有设立海外分支机构在海外进行直接投资、控股跨国公司间接参与国际投资活动等作用。

本章思考题

　　1. 名词解释。

　　跨国银行　分支行制　控股公司制　国际财团银行制　分行　附属行　代表处　国际联合银行

　　2. 跨国银行的主要特征是什么？

　　3. 简述跨国银行发展的不同阶段及其特点。

　　4. 试析跨国银行海外分支机构的差异。

　　5. 跨国银行与跨国公司之间有什么关系？

　　6. 案例分析：阅读以下材料，结合所学知识分析俄罗斯财政部反对以本币支付欧亚经济联盟关税分配收入的原因。

　　国际文传电讯社莫斯科 2020 年 1 月 10 日电，消息人士透露，俄罗斯财政部认为，欧亚开发银行提出的以本币形式支付欧亚经济联盟成员国进口关税分配收入款项的倡议暂不具备实施条件，需进一步加以完善。

俄财政部强调，截至目前，联盟成员国尚未就关税划拨机制变更一事达成原则性一致，哈萨克斯坦和吉尔吉斯斯坦仍对此持保留意见。俄财政部认为，欧亚开发银行无法从制度上确保新的关税划拨机制顺畅运行，主要问题包括：无法在必要时短时间内选择替代银行；银行无法为结算各方债务提供法律保障；信息安全问题未能妥善解决；银行针对联盟成员国的新业务缺乏必要的监督审计系统。

俄财政部认为，新的关税分配机制框架下所产生的交易费用是否应由欧亚开发银行，包括由俄罗斯和哈萨克斯坦两大股东承担，这一问题值得讨论。此外，该机制可能会与《欧亚经济联盟条约》《欧亚开发银行成立协议》的条款存在冲突。

2019年10月初，欧亚经济委员会金融市场咨询委员会召开会议，讨论联盟成员国间进口关税分配收入划拨问题。会后，欧亚经济委员会发布消息称，欧亚开发银行提出的通过其结算系统支付关税分配收入款项的建议引起各方关注。

当前，欧亚经济联盟通过各成员国央行间双边结算系统划拨进口关税分配收入。此前，欧亚开发银行和独联体跨国银行呼吁联盟成员国在进口关税分配收入划拨中"去美元化"，并希望成为上述结算的代理行。独联体跨国银行提议使用卢布替代美元作为结算币种。欧亚开发银行建议按照官方汇率折算为各国本币，或按照套算汇率引入专门的清算币种。

资料来源：俄财政部反对以本币支付欧亚经济联盟关税分配收入 [EB/OL]. (2020-01-15) [2021-03-19]. http：//www. mofcom. gov. cn/article/i/jyjl/e/202001/20200102930711. shtml

第七章

国际间接投资

学习目标

(1) 掌握国际证券投资的概念。

(2) 掌握股票的概念、特征、分类。

(3) 了解股票市场、股票价格指数。

(4) 掌握国际债券的概念、分类。

(5) 了解国际债券的发行市场和流通市场及发行程序。

(6) 掌握国际证券投资分析。

(7) 掌握国际信贷的概念、特点、分类。

(8) 了解国际银行贷款、国际金融组织贷款、政府贷款。

导入案例 7-1

渤海金控获得摩根士丹利 3 亿美元无抵押贷款

2017 年 6 月，渤海金控通过公司境外子公司香港渤海租赁资产管理有限公司获得了摩根士丹利（简称 MS）3 亿美元的无抵押贷款，该笔贷款为渤海金控通过境外投资管理平台香港渤海获取的首笔无抵押贷款。贷款将有助于促进香港渤海业务发展，增强其资金实力，提高使用效率，提升境外业务资源的使用效率，提升渤海金控整体竞争力。

伴随着渤海金控全球业务的高速发展，公司的资金来源也更为多元化。该通过香港渤海获取的 3 亿美元贷款，体现了以 MS 为代表的境外主流金融机构对渤海金控主体经营现状和发展前景的高度认可。

随着全球大交通金融领域领导者的战略逐步落实，渤海金控优质的资产、良好的业绩、高效的运营和独特的金控商业形态均将成为吸引境内外投资机构的亮点。作为渤海金控在境外获得的首笔无抵押贷款，与 MS 的成功合作意味着境外知名投行机构通过客观的财务与战略分析，肯定了渤海金控以公司业绩和发展潜力为支撑的公司信誉以及与国际接轨的规范经营模式。渤海金控坚定的国际化发展道路和主动参与全球竞争的战略格局逐渐在国际金融市场环境中得到认可。

资料来源：渤海金控获得摩根士丹利 3 亿美元无抵押贷款［EB/OL］.（2017-09-18）［2021-01-06］. http：//www.bohaileasing.com/content/details_ 62_ 763. html

第一节　国际证券投资

一、国际证券投资概述

国际证券是指某国政府、金融机构、公司企业及国际经济机构等在国际金融市场上发行的证券。国际证券投资是投资者以营利为目标，直接或间接投资于国际证券的行为，其参与者更加普遍、投资种类繁多、投资方式灵活，是国际投资中非常活跃的组成部分。国际证券投资主要分为国际股票投资和国际债券投资两大类。

二、国际股票投资

（一）股票的定义和基本特征

1. 股票的定义

股票是一种有价证券，它是股份有限公司发给股东，用以证明其投资者身份和权益，并据以获取股息和红利的凭证。股东享有参与股东大会、投票表决、参与公司重大决策、收取股息或分享红利等权利。股东与公司之间的关系不是债权债务关系，股东是公司的所有者，以其出资额为限对公司负有限责任，承担风险，分享收益。

股票作为一种所有权凭证，有一定的格式。我国公司法规定，股票采用纸面形式或者国务院证券监督管理机构规定的其他形式。股票应当载明下列主要事项：公司名称、公司成立日期、股票种类、票面金额及代表的股份数；股票的编号。股票由法定代表人签名，公司盖章。发起人的股票，应当标明发起人股票字样。

2. 股票的基本特征

股票具有以下基本特征：

（1）决策性。普通股票持有者有权参加股东大会，选举董事会，参与企业经营管理的决策。股东参与公司决策的权利大小，取决于持有的股份多少。

（2）风险性。股票投资者能否获得预期的回报，首先取决于企业的盈利情况，盈利多多分，盈利少则少分；其次，股票同商品一样，作为交易对象进行转让，受制于千变万化的股票市场，因而股票投资极具风险性。

（3）不可偿还性。股票是一种无偿还期限的有价证券，投资者一旦买入某公司股票，就不能中途要求退股，只能通过股票市场将股票转让给其他投资者，收回投资资金。

（4）价格的波动性。股票是一种特殊的商品，其市场价格既与公司的经营状况和盈利水平紧密相关，也和股票收益与市场利率的对比关系密切相连，同时还会受到国内和国外经济、政治、社会以及投资者心理等诸多因素的影响。

（二）股票的种类

在证券市场上，股票的发行方根据自身经营活动的需要和投资者不同的投资需求，发行各种不同的股票。按照不同的标准，股票可分为以下几种类型：按股东享有的权利和承担的义务不同，可分为普通股和优先股；按股票是否记载股东的姓名，可分为记名股票和不记名股票；按是否在票面上记载一定股票金额，可分为有面额股票和无面额股票等。在此只对最常见分类中的两种股票——普通股与优先股进行分析。

1. 普通股

普通股是股票的一种基本形式，是构成公司资本的基础，也是发行量最大的股票。其持有者构成了股份有限公司的基本股东，他们平等地享有股东权利。

普通股的股东有以下权利：

（1）经营参与权。这一权利主要是通过参加股东大会来行使的。普通股股东有权出席股东大会，听取公司董事会的业务和财务报告，在股东大会上行使表决权和选举权。

（2）收益分配权。普通股的股息不固定，股息的数额完全取决于该公司的经营业绩、盈利状况以及公司收益分配政策。公司经营业绩好，盈利多，普通股的股息收入就高；反之，则少。

（3）认股优先权。股份有限公司为增加公司资本而决定增加发行新的普通股股票时，现有的普通股股东有权优先认购，以保持其在公司中的股份权益比例，但其优先认购比例以其现在持股比例为限。

（4）剩余资产分配权。当公司解散或清算时，普通股股东有权参与公司剩余资产的分配。同时需要说明的是，普通股股东负有限责任，即当股份有限公司经营不善破产时，普通股股东的责任以其所持股票的股份金额为限。

根据股票的具体情况，普通股又可以细分为蓝筹股、绩优股和垃圾股等。

蓝筹股是指在其所属行业内占有支配性地位、业绩优良、成交活跃、红利优厚的大公司股票。绩优股主要指的是业绩优良且比较稳定的大公司股票。绩优股具有较高的投资回报和投资价值，其公司拥有资金、市场、信誉等方面的优势，对各种市场变化具有较强的承受和适应能力，绩优股的股价一般相对稳定且呈长期上升趋势。垃圾股指的是业绩较差的公司股票。投资者在考虑选择这些股票时，要有比较高的风险意识，切忌盲目跟风。

◢◢◣ 导入案例 7-2

安徽长城军工股份有限公司首次公开发行股票

2018 年 7 月，安徽长城军工首次公开发行不超过 14 800 万股人民币普通股（A 股），发行的主承销商为东海证券股份有限公司，发行人的股票简称为"长城军工"，股票代码为"601606"。

本次发行采用网下向投资者询价配售和网上向持有上海市场非限售 A 股股份和非限售存托凭证总市值的社会公众投资者定价发行相结合的方式进行。

公司章程约定，公司股东依法请求、召集、主持、参加或委派股东代理人参加股东大会，并行使相应的表决权，依照其所持有的股份份额获得股利和其他形式的利益分配，公司终止或者清算时，按其所持有的股份份额参加公司剩余财产的分配。公司每年按当年实现的公司可供分配利润规定比例向股东分配股利，利润分配可采取现金、股票以及现金与股票相结合或者法律、法规允许的其他方式。

资料来源：安徽长城军工股份有限公司首次公开发行股票招股说明书及公司章程

2. 优先股

优先股是一种特殊的股票，其股东权利、义务中附加了某些特别条件。优先股股票一般要在票面上标明"优先股"字样，其优先权通常包括下列内容：

（1）优先领取股息，且股息固定。当公司利润不足以支付全体股东的股息和红利时，优先股股东可先于普通股股东分取股息。优先股股息是固定的，不随利润的增减而波动。

（2）优先索偿权。当公司解散、改组和破产时，优先股股东可先于普通股股东分得公司的剩余资产。

（3）股息部分免税。有的国家，如美国税法规定，一个公司购买另一公司的优先股股票，其股息收入只按15%计算缴纳联邦政府公司所得税，其余85%免税，优先股股票因而较受企业欢迎。

优先股较普通股也失去了一些权利，如优先股股票不包含表决权，股东不享有公司经营参与权；由于优先股的股息已事先定好，因而不能享受公司利润增长的收益。

导入案例7-3

中国建筑股份有限公司非公开发行优先股

2015年3月，中国建筑股份有限公司（股票简称：中国建筑）非公开发行优先股1.5亿股，每股面值人民币100元，共募集资金人民币150亿元。募集说明书对股息分配条款约定如下：

票面股息率：此次发行优先股采用附单次跳息安排的固定股息率，即第1~5个计息年度的票面股息率通过询价方式确定为5.8%，并保持不变；自第6个计息年度起，如果公司不行使全部赎回权，每股股息率在第1~5个计息年度股息率基础上增加2个百分点，第6个计息年度股息率调整之后保持不变。

股息发放条件：优先股股东分配股息的顺序在普通股股东之前，在确保完全派发优先股约定的股息前，公司不得向普通股股东分配利润。

股息是否累计：本次发行的优先股股息不累积，即在之前年度未向优先股股东足额派发股息的差额部分，不累积到下一年度。

剩余利润分配：本次发行的优先股股东按照约定的票面股息率分配股息后，不再同普通股股东一起参加剩余利润分配。

表决权限制：除法律法规或公司章程规定需由优先股股东表决事项外，优先股股东没有请求、召集、主持、参加或者委派股东代理人参加股东大会的权利，没有表决权。

优先股股东的清偿顺序：公司因解散、破产等原因进行清算时，可以用公司财产支付清算费用、职工的工资、社会保险费用和法定补偿金，缴纳所欠税款，清偿公司债务后的剩余财产，向优先股股东支付当期未派发的股息与发行价格之和，不足以支付的按照优先股股东持股占全部优先股的比例分配。

资料来源：中国建筑股份有限公司非公开发行优先股募集说明书

（三）股票市场

股票市场一般可分为发行市场（又称一级市场）和交易市场（又称二级市场），这两种性质不同的市场互相对立、互相依存，形成统一的股票市场。

1. 发行市场

发行市场是创造出售新证券的市场，包括从规划、推销到委托、承购的全过程。它没有固定场所，通常由股票发行公司、股票承购者和承销股票的承销商（证券公司、信托投资公司等）三方组成，也即分别为新股票的卖出者、购买者和买卖的中介者。

一级市场是股票发行交易全过程中的基础环节。如果一级市场的机制健全，证券发行者资信良好、利润稳定，则推出的新股票将在交易市场上顺利上市和流通，引起投资者的兴趣和注意，从而获得好的市场地位。当今发达国家筹集资本多采取设立信誉卓著的新证券发行公司的办法，如美国、英国、西欧的信托投资公司、发行银行，它们资力雄厚，拥有众多的工程、技术、会计、法律专家，发行推销机构遍及各地，新股发行公司如能由它们承购或代理发行、推销股票，将会较为顺利。

2. 交易市场

交易市场是指买卖已发行股票的市场，交易市场有两种形式：证券交易所和场外交易市场。

证券交易所是指设有交易场地，备有各种服务设施（如行情牌、电视屏幕、电子计算机、电话、电传等），并配备管理及服务人员，进行股票和其他债券买卖的场所，它是高度组织化的二级市场，是最主要的证券交易市场。

在二级市场中，很多股票交易是在许多分布广泛的证券中介机构进行的，很多证券公司设有专门的证券柜台，通过柜台进行证券交易，这也被称为场外交易市场。

（四）股票价格指数

股票价格指数，简称股价指数，是通过对股票市场上一些有代表的公司发行的股票价格，进行平均计算和动态对比后得出的数值。股票价格指数可以用来衡量整个股票市场或特定行业的总体价格变化，能够较准确地反映股票行情的变化和发展趋势，是投资者判断股票市场和整体经济情况的一个重要参照。常见的股票指数有综合指数、成分指数、工业指数、行业指数等。

三、国际债券投资

债券是一种按照法定程序发行的，并在规定期限内还本付息的有价证券。债券作为投资工具，本质是一种债权债务关系的凭证。国际债券是由一国政府、金融机构、企事业单位或国际金融机构在国际证券市场上发行的，以某种货币为面值的债券。

◤◢◢ **导入案例7-4**

中国银行境外发行中资首支蓝色债券

2020年9月，中国银行巴黎分行成功发行5亿美元全球商业机构首笔蓝色债券。本次债券为3年固定利率，在中资发行人同期限公募债券史上票息最低，是2018年以来中资金融机构美元债发行非亚洲投资者占比最高的一笔债券。此笔蓝色债券成功吸引了大量欧洲绿色投资者下单，有助于推动践行"中欧绿色伙伴"理念。

蓝色债券是指募集资金用于可持续型蓝色经济相关项目的绿色债券。本次蓝色债券是中国银行巴黎分行继2017年三币种绿色气候债券后发行的第二笔绿色债券。截至目前，全球仅三笔蓝色债券发行，前两笔分别为2018年塞舌尔政府及2019年北欧投资银行所发行的，本次发行是全球商业机构首笔蓝色债券，定会对建立蓝色债券标准，提升市场对蓝色经济的关注度起到积极作用。

蓝色经济又称海洋经济。传统海洋产业在快速发展过程中，因渔业过度捕捞、海洋污染、沿海生态破坏等，使海洋生态环境面临严重威胁与挑战。面对全球海洋生态难题，联合国于2015年可持续发展峰会上通过将海洋治理列为可持续发展目标，中国政府近年来也大力倡导建设绿色可持续的海洋生态环境。

资料来源：中国银行巴黎分行成功发行5亿美元蓝色债券［EB/OL］.（2020-09-15）［2021-01-9］. https：//www.sohu.com/a/418615453_120702

（一）国际债券的分类

按照债券发行范围和发行货币划分，国际债券主要分为外国债券、欧洲债券。

1. 外国债券

外国债券是发行人在另一国证券市场上发行的以市场所在国货币为面值的债券，如我国借款人在美国证券市场上发行的以美元为面值货币的债券。习惯上把在美国证券市场发行的美元债券称为"扬基债券"，在英国证券市场发行的英镑债券称为"猛犬债券"，在日本证券市场发行的日元债券称为"武士债券"，在中国证券市场发行的人民币债券称为"熊猫债券"。外国债券是一种传统的国际债券，其发行必须得到发行市场所在国的国家证券监管机构的同意，通常由发行市场所在国的金融机构承保。

2. 欧洲债券

欧洲债券是发行人在另一国证券市场上发行，以第三国货币为面值的债券，如我国借款人在欧洲债券市场上发行的以美元为面值货币的债券。面值为美元的欧洲债券通常称为欧洲美元债券，面值为日元的欧洲债券通常称为欧洲日元债券。欧洲债券实际上是一种无国籍债券，其发行者、面值货币和发行地点分属于不同国家，无须发行市场所在国的国家证券监管机构的审批，不受发行市场所在国金融法规的限制。因此，欧洲债券自产生以来，发展十分迅猛，逐步在国际债券中占据主导地位。

（二）国际债券的发行市场和流通市场

债券的发行市场也称一级市场，是以发行债券的方式筹集资金的场所，在发行市场上，具体决定债券的发行时间、发行金额和发行条件，并引导投资者认购及办理认购手续、缴纳款项等。债券的流通市场也称二级市场，是债券的转让市场，是买卖已发行债券的场所。在流通市场上，投资者可以根据对债券行情的判断，随时买进或卖出债券。

债券发行市场没有规定的场所，一般通过投资银行、金融公司或证券公司等金融机构进行。这些机构先按照一定的价格承购筹资者新发行的债券，然后将新债券投向二级市场，转售给一般投资者。

债券的发行市场和流通市场相互依存，发行市场是流通市场的基础和前提，只有具备了一定规模和质量的发行市场，流通市场才有可能交易。同时，流通市场的交易又能促进发行市场的发展，为发行市场发行的债券提供变现的场所，使债券的流动性有了实现的可能，增加了投资者的投资兴趣。

在国际债券市场上，发行债券一般需要专门的评级机构对发行人的资信及债券进行分析，并评定其信用等级，以供投资者参考。国际上比较具有权威性的资信评级机构有美国的标准·普尔公司（Standard&Poor's Corporation）和穆迪投资服务公司（Moody's Investment Service Corporation），其对债券发行人的评判标准和评判依据如表7-1所示。随着金融全球化的发展，我国金融机构发行的外币债券越来越多，2019年中国农业银行、中国银行、中国建设银行长期信用评级均为A；政策性银行，如国家开发银行的长期信用评级为AA-；商业银行，如招商银行发行的长期信用评级为BBB+。

表7-1　国际债券等级的评判标准和评判依据

标准-普尔等级	穆迪等级	含义	质量说明	投资性质
AAA	Aaa	最高级	质量最佳，本息支付能力极强	投资级
AA	Aa	高级	本息支付能力很强	
A	A	中高级	质量较佳，支付能力较强，但易受经济波动影响	
BBB	Baa	中级	质量尚可，但易受外界因素影响	
BB	Ba	中低级	中等品质，具有一定的投机性，保障条件中等	
B	B	较差，半投机	具有投机性，本息缺乏足够保障	投机级
CCC	Caa	差，明显投机	能支付本息，但无保障，经济波动时可能停付	
CC	Ca	差，风险大	投机性强，本息基本没有保障，潜在风险极大	
C	C	风险极大	没有能力支付本息	
D	D	最低级	企业已发生违约行为	

（三）国际债券的发行程序

国际债券的发行可采用公募发行与私募发行两种方式。公募发行是指新债券在经过承购公司承购后，可向社会非特定的投资者公开销售的一种发行方式；私募发行是指债券发行者只能向有限的指定投资者出售债券的发行方式。公募债券的发行虽然受到许多限制，且利率较低，但发行后可公开上市；私募债券一般是采用记名方式发行，约束较少，利率相对较高，但发行后一般不能转让。国际债券的发行一般包括以下几个步骤：

（1）发行企业选任一家金融公司作为此债券发行的组织者，双方就此次债券的形式、发行市场、发行数量、币种、利率、价格、期限以及发行的报酬和费用等进行磋商。

（2）向当地外汇管理部门提出发行债券申请，经该部门审查并提出意见后，报经该国政府有关管理部门批准。

（3）向国外有关资信评审机构申请评级。

（4）向拟发行证券的市场所在国政府提出申请，征得市场所在国政府的许可。

（5）发行者在得到发行许可后，委托主干事银行组织承销团，由其负责债券的发行与包销。

四、国际证券投资分析

证券投资是一项复杂和充满风险的金融活动，在国际证券市场上投资机会与风险并存，成功的投资能给投资者带来丰厚的收益，而失败的投资则会给投资者带来巨大的损失。因此，掌握证券投资分析的技术与方法十分必要。本部分主要介绍股票分析。股票分析的方法一般分为两大类，即基本分析与技术分析。

（一）基本分析

基本分析是通过对影响股票市场供求关系的基本因素进行分析，确定股票的真正价值，判断股市走势，从而帮助投资者确定买卖机会的一种分析方法，其在证券分析中占有重要的地位。基本分析大体可以分为三个方面：宏观经济因素分析、行业因素分析和公司因素分析。

1. 宏观经济因素分析

证券市场有"经济晴雨表"之称，证券市场是宏观经济运行的先行指标，而宏观经济的走向也决定了证券市场的长期趋势。具体来看，主要有以下几种：

（1）经济周期。每个国家的经济运行都有一定的周期，其走势呈现萧条、复苏、繁荣、衰退的周期性波动。如果宏观经济繁荣，消费旺盛、生产回升、就业充分，国民收入及企业经营利润就会提高，每股收益相应增长，使股价维持在一个较高的水平上；宏观经济走向萧条则相反，此时消费萎缩、投资减少、生产下降、效益滑坡，国民收入及企业经营利润下滑，每股收益下降，从而导致股价大幅下跌。

（2）货币政策。扩张的货币政策对证券市场的货币供应起刺激作用，紧缩的货币政策对证券市场的货币供应起抑制作用，进而导致股价上涨或下跌。当货币供应量增加时，投资者投资股市的资金就会相应增加，从而促使股价上升。当利率下调时，企业利息支出就会减少，从而增加了企业每股盈余；同时，使投资者所期望的收入水平下降，从而降低了股票投资的折现率；再者，利率下调会增加社会货币供应量。这三点因素结合在一起，使利率下调对股价的影响较为明显。

（3）财政政策。财政政策与货币政策一样，扩张性的财政政策会刺激股价的攀升，而紧缩性的财政政策则会导致股价下滑。

（4）通货膨胀。通货膨胀对股价的影响比较复杂，不同情况的通货膨胀对股价的影响也不同。通货膨胀初期，投资者会将资金从股市抽出而投资于房地产或黄金等保值性的商品市场，从而导致股价下跌。特别是在物价激烈上涨时，人们出于恐慌，往往会产生过激反应，而争相抛售股票，导致股价大幅下跌。但在物价处于温和上涨阶段时，上市公司有可能因为存货价值和产品价格的上涨超过其资金成本的上涨，而使利润增加，在这种情况下，通货膨胀有利于股价上涨。

（5）政治因素。政治因素是指足以影响股票价格的国内外政治活动和政府的政策与措施。变动的政治因素主要包括战争、政权转移、领袖的变动、国际政治形势、法律制度等。

（6）心理因素。投资者心理变化也会影响股价的变动。一般投资者对股市过分悲观时，就会抛售股票，股票供给大于需求，从而导致股价下滑；而如果投资者对股市充满信心，即使股价已经超出其内在价值，他们仍会争相购买，从而使股价上升。

2. 行业因素分析

行业因素是指只影响到某一个特定行业或产业（如房地产业、银行业等）的上市公司股价的因素。这些因素主要包括行业生命周期、行业景气变动、产业政策以及社会习惯的改变等。

（1）行业生命周期。任何一个行业都有其生命周期，都要经历一个由产生、发展到衰退的演变过程，行业生命周期一般分为四个阶段，即幼稚期、成长期、成熟期和衰退期。一般而言，在行业的初创阶段，产品的研发费用高，市场需求小，销售收入较低，面临较大的投资风险；在行业的成长期，市场需求上升，企业盈利能力稳定，此时股价可能大幅提高；在行业的成熟期，各厂商市场份额稳定，企业利润达到较高水平，但价格竞争日趋激烈，与扩张期相比，股价具有下跌的潜在压力；在行业的衰退期，该行业股票的股价开始下跌，投资者应该寻机适时退出。

（2）行业景气变动。行业景气变动是指因该行业特殊影响因素的变动，而导致行业景气度发生变化，如石化行业会受到原油产量及价格的影响。

（3）产业政策。产业政策是政府设计的有关产业发展的政策目标和政策措施的总和。如颁布新的行业标准及产品合格标准等，这些条例将对行业股价产生影响。

（4）社会习惯的改变。人们生活水平和受教育程度提高，消费心理、消费习惯、文明程度等逐渐改变，使某些商品的需求发生变化并进一步影响行业的兴衰。如收入水平提高，生活消费品支出占比下降，从而使金融、旅游、教育等行业获得快速增长。

3. 公司因素分析

公司因素是指影响面只波及一个公司股价的因素。影响单一公司股价的因素很多，主要有公司的行业地位、主营业务状况、财务状况及一些重大事项和资产重组等，在此结合一些指标来分析公司的财务状况。

（1）偿债能力分析。公司偿债能力包括短期偿债能力和长期偿债能力两方面。短期偿债能力是指公司以流动资产支付流动负债的能力，主要指标有流动比率和速动比率两种。

流动比率是指在一年内变现的资产与一年内必须偿还的负债的比值。一般流动比率越高，短期偿债能力越强，其计算公式为：

$$流动比率 = \frac{流动资产}{流动负债}$$

速动比率是指速动资产与流动负债的比值，速动资产是指流动资产剔除存货等变现能力较差的资产后的资产，因此，速动比率能更准确地衡量公司的短期偿债能力，一般速动比率为 1 比较合适，其计算公式为：

$$速动比率 = \frac{流动资产 - 存货 - 预付费用}{流动负债}$$

长期偿债能力是指按照债务合同约定在 1 年以后需要偿还的债务。主要指标有资产负债率、产权比率、已获利息倍数等。

资产负债率是负债总额与资产总额的比值，资产负债率越低，公司债务偿还的安全性越大，其计算公式为：

$$资产负债率 = \frac{负债总额}{资产总额}$$

产权比率是指负债总额与股东权益的比值。该比值说明在公司清算时债权人权益的保障程度，产权比率越低，偿还债务的资本保障程度越大，其计算公式为：

$$产权比率 = \frac{负债总额}{股东权益}$$

已获利息倍数是指企业支付利息和缴纳所得税前的利润与利息费用之比。企业举债经营的原则是利用债务资金所能赚取的利润必须大于举债付出的利息，这样企业在支付利息后才能盈利。一般该比值要大于 1，否则企业可能面临债务支付上的困难。其计算公式为：

$$已获利息倍数 = \frac{净利润 + 利息费用 + 所得税}{利息费用}$$

（2）资产运用效率分析。企业资产运用效率反映了企业是否充分利用其现有资产创造利润。其主要指标及计算公式为：

$$总资产周转率 = \frac{销售收入}{平均总资产}$$

$$现金周转率 = \frac{销售收入}{平均现金余额}$$

$$存货周转率 = \frac{销货成本}{期初、期末平均存货}$$

$$固定资产周转率 = \frac{销售收入}{平均固定资产}$$

（3）收益能力分析。收益能力是指企业利用现有资源创造利润的能力。其主要指标及计算公式为：

$$每股盈余 = \frac{税后利润 - 优先股股利}{发行在外的普通股总数}$$

$$市盈率 = \frac{每股市价}{每股盈余}$$

$$普通股权益报酬率 = \frac{税后净利润 - 优先股股利}{平均普通股权益}$$

（二）技术分析

技术分析是指对证券市场的市场行为进行分析。技术分析成立的假设条件是：决定股票价格的根本因素是股票在市场中的供求关系，而不是其内在价值，在相同的情况下，不同时期的人会有相同的反应，从而股价的变化会沿着历史轨迹发展。在此仅对道氏理论和移动平均线两种分析方法进行简要介绍。

1. 道氏理论

道氏理论认为，收盘价是最重要的价格，反映了单位时间段的末尾，市场各方通过博弈定出的最后价格。道氏理论还认为，股票价格波动会呈现某种趋势，具体可以分为主要趋势、次要趋势和短暂趋势。主要趋势，持续数个月至数年，影响深度和广度相当大；次要趋势，持续数个星期至数个月，是对主要趋势的调整；短暂趋势，持续数天至数个星期。

主要趋势是从大的角度来看的上涨和下跌的变动。其中，只要下一个上涨的水准超过前一个高点，而每一个次级的下跌的波底都较前一个下跌的波底高，那么，主要趋势就是上升的；相反，当每一个次级下跌将价位带至更低的水准，而接着的弹升不能将价位带至前面弹升的高点，主要趋势就是下跌的。

次要趋势指在主要趋势中，股价持续上涨过程突然出现中期回跌现象，或者在股价持续下跌过程中突然出现中期反弹现象。次要趋势一般可以调整主要趋势的 $1/3 \sim 2/3$。

短暂趋势是短暂的波动。通常，不管是次要趋势还是两个次要趋势所夹的主要趋势部分都是由连串的三个或更多可区分的日常变动所组成的。在股市中，短期变动是唯一可以被操纵的，而主要趋势和次要趋势却是无法被操纵的。

道氏理论的主要功能是用于判断大形势，但道氏理论的可操作性较差，往往落后于价格变化，尽管如此，它仍是许多经典技术分析理论和新技术的基础。

2. 移动平均线

移动平均线（Moving Average，MA）是以道·琼斯的"平均成本概念"为理论基础，运用统计学中"移动平均"的原理，将一段时间内的股票价格平均值连成曲线，用来显示股价的历史波动情况，进而反映股价指数未来发展趋势，它是道氏理论的形象化表述。

移动平均线依计算周期分为短期、中期和长期移动平均线，其计算公式为：

$$MA = \frac{C_1 + C_2 + \cdots C_N}{N}$$

式中，C 代表每日收盘价；N 代表计算周期。

美国著名的技术分析专家葛兰维尔根据 K 线与一条移动平均线之间的关系，给出了判断买卖的信号，即为移动平均线八大法则，如图 7-1 所示，①②③④为买入点，⑤⑥⑦⑧为卖出点。

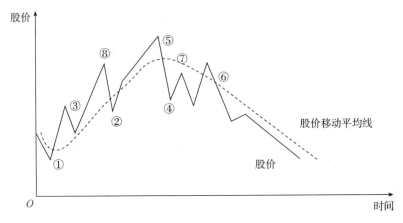

图 7-1　移动平均线八法则图

第二节　国际信贷投资

一、国际信贷投资概述

(一) 国际信贷的概念

国际信贷是指国际资金的借贷活动,是一国的银行、其他金融机构、政府、公司企业以及国际金融机构在国际金融市场上向另一国的银行、其他金融机构、政府、公司企业以及国际金融机构提供的贷款。

(二) 国际信贷的特点

1. 规模大、分布广

国际信贷规模的增长速度快,如欧洲货币市场作为短期资金市场,主要从事外币借贷业务。在欧洲货币市场上,存款者和借款者可以自由地选择存款、借款的方式、地点、条件,大大推动了国际信贷的发展,欧洲货币市场已成为当代国际信贷市场的基础性组成部分。

2. 资金流向的多向性

当代国际信贷的资金流动既包括发达国家流向发展中国家,也包括发展中国家之间的资金融通,呈现出多元化。

3. 货币种类增多

目前,世界上 150 多种货币(纸币)中,有 50 多个国家的货币可以自由兑换。国际信贷可以借助于这 50 多个国家的货币来进行,其中经常使用的有 10 余种。此外,可执行货币职能的特别提款权和欧洲货币单位也被用于借贷业务中。

4. 借贷的形式多样化

国际信贷形式呈现多样化的态势,其中,国际金融组织、银团以及各国政府对外援助性贷款的发展尤为迅速。

（三）国际信贷投资的分类

1. 按国际信贷资金来源与性质划分

这是最通常的分类方法，可以分为政府贷款、国际金融组织贷款、国际银行贷款，以及联合贷款、混合贷款等。其中，联合贷款是指商业银行与世界性、区域性国际金融组织，以及各国设立的发展基金、对外经济援助机构联合起来共同向某一国家提供资金的一种形式；混合贷款通常是指把出口信贷和政府援助、捐赠、贷款结合起来的一种贷款，使用这种贷款的目的是在增进双方经济合作的同时，推动本国商品或劳务的出口。

2. 按国际信贷资金的特定用途划分

国际信贷投资按国际信贷资金的特定用途，通常可以分为项目贷款、出口信贷、福费廷和承购应收账款等。其中，出口信贷是指一国政府为鼓励本国商品的出口，加强国际竞争能力，以对本国出口给予利息补贴并提供信贷担保的方法，鼓励本国的银行对本国出口商或外国进口商提供利率较低的贷款，以解决本国出口商资金周转的困难，或满足国外进口商对本国出口商支付货款需要的一种融资方式。福费廷又称"票据买断"，是指一个票据持有者将其未来应收债权转让给第三方以换取现金，在转让完成后，若此票据期满不能兑现，第三方无权向出口商追索。承购应收账款又称国际保理，指在以商业信用出口货物时（如以 D/A 为付款方式），出口商交货后把应收账款的发票和装运单据转让给保理商，即可取得应收取的大部分贷款，日后一旦发生进口商不付或逾期付款，则由保理商承担付款责任。在保理业务中，保理商承担第一付款责任。

3. 按国际信贷的期限划分

国际信贷投资按期限，通常可以分为短期、中期和长期三种。短期贷款的期限一般不超过一年，主要用于原料、半成品、消费品、农产品的国际贸易；中期贷款的期限为一年以上，多为 2~5 年；长期贷款多为 10~20 年，有时甚至有 40~50 年。中期贷款、长期贷款一般适用于重型设备、建筑工程等的国际贸易。

二、国际银行贷款

国际银行贷款，是指一国国内机构向国外的商业银行以借贷方式筹措的资金，借款利率执行市场利率，且资金不限定用途。

（一）国际银行贷款的类型

根据从事国际银行贷款业务的主体所处市场的不同，国际商业银行贷款可分为外国贷款和欧洲贷款两种。

外国贷款，即传统国际金融市场的国际银行贷款，是指市场所在国的银行直接或通过其海外分行将本国货币贷放给境外借款人。

欧洲贷款，即欧洲货币市场的国际银行贷款，是指欧洲银行所从事的境外货币的存储与贷放业务。

（二）国际银行贷款的特点

1. 贷款用途比较自由

国际银行贷款的用途由借款人决定，贷款银行一般不加以限制。这是国际银行贷款区别于其他国际信贷形式的一个最为显著的特征。

2. 借款人较易进行大额融资

国际银行贷款资金供应，特别是欧洲货币市场银行信贷资金供应较为充足，所以对借款人筹集大额长期资金较为有利。如独家银行贷款中的中长期贷款每笔的额度可为数千万美元，银团贷款中每笔数额可为 5 亿~10 亿美元。

3. 贷款条件较为苛刻

国际银行贷款的贷款条件由市场决定，借款人的筹资负担较重。这是因为贷款的利率水平、偿还方式、实际期限和汇率风险等是决定借款人筹资成本的较为重要的因素，而与其他国际信贷形式相比，国际银行贷款在这些方面均没有优势。

三、国际金融组织贷款

国际金融组织贷款，是指从事国际金融业务的机构向借款国（一般是成员国）提供的贷款。国际金融组织分为全球性金融组织和区域性金融组织两类。全球性国际金融组织主要有世界银行、国际货币基金组织、国际农业发展基金会等；区域性国际金融组织主要有亚洲开发银行、泛美开发银行、非洲开发银行、欧洲复兴开发银行、阿拉伯货币基金组织等。在此仅对世界银行、国际货币基金组织、亚洲开发银行及亚洲基础设施投资银行进行简单介绍。

（一）世界银行贷款

世界银行成立于 1945 年，是目前世界上最具影响力的国际金融组织之一。国际复兴开发银行、国际开发协会、国际金融公司、多边投资担保机构和国际投资争端解决中心共同组成了世界银行集团。

世界银行贷款的特点：

（1）贷款条件比较严格，即贷款对象只限于成员国政府、政府机构或由政府机构担保的国营和私营企业。原则上只对成员国特定建设项目发放贷款，贷款项目在经济和技术上可行，是该国经济发展的优先项目；且不能按合理的条件从其他渠道获得资金；一般只提供为实施某个项目所必须进口的商品和劳务所需要的外汇开支，不提供与该项目配套的本国货币资金。

（2）贷款期限较长，短则数年，最长可达 30 年，平均约为 17 年，宽限期一般为 5 年。

（3）贷款利率一般低于市场利率，对贷款收取的杂费也较少，只对签约后未支用的贷款额收取 0.5%~0.75% 的承诺费。

（4）一般只提供项目贷款所需建设资金总额的 30%~50%，其余部分由借款国自筹。

（5）贷款必须专款专用，接受世界银行的监督。

（6）贷款管理方法规范，手续严密，准备过程比较复杂，一般需要一年半到两年时间。

◢◢◣ 导入案例 7-5 ----

世界银行支持发展中国家发展

2020 年 3 月，世界银行宣布向受新冠肺炎疫情影响的 60 多个国家提供达 120 亿美元的支持。世界银行集团将通过快速通道实施一揽子计划，帮助发展中国家加强卫生系统，包括更好地获得卫生服务，以保护人民免受这一流行病的影响，加强疾病监测，加强公共卫生干预，并与私营部门合作，减少对经济的影响。这一揽子融资计划将在全球范围内进行协调，支持基于国家的应对措施，资金来源包括：国际开发协会的13亿美元，国际复兴开发银行27亿美元的新融资，银行现有投资组合中20亿美元的重新定价，国际金融公司的60亿美元。

2020年5月世界银行发表声明，同意向埃及提供5 000万美元贷款，以帮助埃及加强针对新冠病毒的预防、检测和反应能力。该笔贷款将用于防控疫情所需的医疗物资采购和分配、医护人员培训、隔离和治疗中心运行、开发信息传递平台和工具等。

2020年8月，据肯尼亚当地媒体报道，世界银行将向肯尼亚提供162亿肯尼亚先令（1.5亿美元）的贷款，用于贫民窟改造项目。这是肯尼亚非正规住宅区改善项目的第二阶段。预计基本服务和安全用水、街道照明、道路和卫生设施将得到改善。

2020年9月，据塞内加尔当地媒体报道，世界银行已于近期批准了一笔数额达5000万美元的紧急资金，用于应对塞内加尔圣路易斯等沿海城市面对海平面上升带来的各种威胁。受气候变化等因素影响，塞内加尔港口城市圣路易斯是整个西非海平面上升影响最大的城市之一，当地上万名居民需要被重新安置。

资料来源：根据第一财经（https：//www.yicai.com）的多篇新闻报道整理

（二）国际货币基金组织贷款

国际货币基金组织（International Monetary Fund，IMF）成立于1945年12月，与世界银行并列为世界两大金融机构，总部设在美国华盛顿。其主要业务活动，就是在成员国的国际收支发生暂时不平衡时，通过出售特别提款权或出售其他货币换取成员国货币的方式，对成员国提供资金借贷。

国际货币基金组织贷款的特点是：

（1）贷款采取由借款的成员国用本国货币向基金组织申请换购外汇的方式，还款时则以外汇买回本国货币，称为回购。

（2）发放贷款的对象只限于成员国政府，有关贷款洽谈机构为成员国的财政部、中央银行或其他类似的政府财政机构。

（3）贷款用途以解决成员国国际收支、储备地位或货币储备变化的资金需要为限，借用时受多种限制，政策性很强，应慎重借用。

（4）贷款数额按照成员国向基金组织缴纳的基金份额比例以及成员国所面临国际收支困难的程度和解决困难的政策能否奏效等条件来确定。

导入案例7-6

国际货币基金组织应对新冠肺炎疫情

随着新冠肺炎疫情的扩散，国际货币基金组织宣布提供500亿美元支持疫情国家，帮助医疗系统脆弱的贫穷和中等收入国家应对疫情。如，2020年5月，国际货币基金组织通过了向乌兹别克斯坦提供3.75亿美元优惠贷款的决议，以帮助其减轻疫情对经济的影响。优惠贷款包括1.25亿美元的免息快速信贷（贷款期10年，其中宽限期5年）和2.5亿美元的快速融资工具（贷款期5年，其中宽限期3年，年利率1.05%）。这笔资金将用来补充乌反危机基金，为乌各项抗疫措施提供融资。同时，为保证资金的使用透明，乌国家审计署将对该笔资金的使用进行独立审计，并在每财年结束后6个月内公布审计结果。

资料来源：根据商务部网站《国际货币基金组织提供500亿美元应对新疫情》和《国际货币基金组织和亚洲开发银行向乌提供资金援助》两篇文章整理

（三）亚洲开发银行贷款

亚洲开发银行（简称亚行）是亚洲、太平洋地区的一个区域性国际金融组织，是致力于促进亚洲及太平洋地区发展中成员经济和社会发展的区域性政府间金融开发机构，主要通过开展政策对话，提供贷款、担保、技术援助和赠款等方式支持其成员在基础设施、能源、环保、教育和卫生等领域的发展，对成员的援助主要采取四种形式：贷款、技术援助、股本投资和联合融资。

▰▰\ 导入案例 7-7 ----

亚洲开发银行支持湘江流域环保治理项目

2018年10月，亚洲开发银行批准了湖南省湘江流域存量垃圾综合治理及固废处理项目。该项目为主权贷款项目，总投资额为16.2亿元人民币，其中亚行贷款1.5亿美元，期限25年，包含5年宽限期。

据了解，该项目计划建设内容涉及6个方面，旨在解决湘江流域10个县和县级市城市固体废弃物带来的环境挑战和基础设施需求，是我国首个聚焦城市固体废弃物治理的贷款项目，具有很好的示范效应。

资料来源：亚洲开发银行贷款1.5亿美元　湘江流域环保治理项目将启［EB/OL］. (2018-10-22)［2021-01-18］. http://www.xinhuanet.com/energy/2018-10/22/c_ 11235919 64.htm

（四）亚洲基础设施投资银行

亚洲基础设施投资银行（简称亚投行）是一个政府间性质的亚洲区域多边开发机构。重点支持基础设施建设，成立宗旨是为了促进亚洲区域的建设互联互通和经济一体化的进程，并且加强中国及其他亚洲国家和地区的合作，是首个由中国倡议设立的多边金融机构，总部设在北京。截止到2020年7月，共有103个正式成员国。

亚投行主要业务范围是援助亚太地区国家的基础设施建设。在全面投入运营后，亚投行将运用一系列方式为亚洲各国的基础设施项目提供融资支持，包括贷款、股权投资以及提供担保等，以振兴包括交通、能源、电信、农业和城市发展在内的各个行业的投资。

▰▰\ 导入案例 7-8 ----

亚投行首笔在华投资助力北京"煤改气"

2017年12月，亚投行批准了一笔2.5亿美元的贷款项目，用于建设北京天然气输送管网等工程，覆盖约 510 个村庄，连接约 21.675 万户家庭。这是亚投行运行两年多，投资了分布在多国的 20 多个项目后，在中国的第一笔投资。

该项目由北京燃气集团公司承担，也是亚投行第一笔企业贷款项目。这一项目包括农村天然气配送网络建设、低压天然气管道建设和家庭连接工作建设，同时会安装耗气量表。该项目完成后，每年可为北京减少 65 万吨标准煤的使用，减少二氧化碳排放量 59.57 万吨、颗粒物排放量 3 700 吨、二氧化硫排放量 1 488 吨、氮氧化物排放量 4 442 吨。

资料来源：贷款 2.5 亿美元，亚投行首笔在华投资助力北京"煤改气" [EB/OL]. (2017-12-11)[2021-01-18]. https：//www.sohu.com/a/209761961_ 114986

四、政府贷款

政府贷款是一国政府利用自己的财政资金向另一国政府提供的优惠贷款。它是以政府名义进行的政府双边贷款，一般是在两国政治外交关系良好的情况下进行的，是条件优惠的贷款。但是，基于贷款国的商业目标，政府贷款会规定一些借贷的附加条件，如限制采购的条件，以一定比例的出口信贷混合在贷款中等。

政府贷款的特点有：

（1）专门机构负责，如日本的海外协力基金、美国的国际开发署、法国的财政部国库司、英国的贸工部、德国的联邦经济合作部等。

（2）程序较复杂。政府贷款是双边政府间的资金借贷活动，所以需要按一定的法律程序办理：先由受援国选定、提出贷款项目，援助国对项目进行考察、选定、评估，双方会谈并由援助国做出贷款的正式承诺，商谈贷款条件，然后签署贷款协议。办理手续较复杂，由此可能导致达成贷款协议的时间相应变长，容易造成资金闲置和浪费。

（3）资金来自财政预算。财政预算是政府贷款的资金来源，因此贷款有一定的数量限制，规模不可能太大。

（4）条件优惠，主要体现在利率较低，期限较长。

（5）限制性采购。多数国家政府贷款的第三国采购比例为 10% ~15%，即贷款总额的 85% ~90% 用于购买贷款国的设备和技术。

（6）长期性、连续性。政府贷款一般能较长期地提供，具有连续性、稳定性。

（7）政治性强。援助国与受援国一般外交关系良好，属于政治上友好的国家。

（8）币种选择余地小，一般只能选择援助国的货币，可能会产生汇率风险。

◢◢\ 导入案例 7-9

中非合作论坛约翰内斯堡峰会暨第六届部长级会议
"十大合作计划"经贸领域内容解读

2015 年 12 月，中非合作论坛约翰内斯堡峰会暨第六届部长级会议在南非召开，中国政府宣布将中非新型战略伙伴关系提升为全面战略合作伙伴关系，与非洲在工业化、农业现代化、基础设施、金融、绿色发展、贸易和投资便利化、减贫惠民、公共卫生、人文、和平和安全等领域共同实施"十大合作计划"，规划了中非务实合作的宏伟蓝图，开启了中非关系新的历史篇章。其中，在经贸领域，中非双方将共同实施中非工业化合作计划、中非农业现代化合作计划、中非基础设施合作计划、中非绿色发展合作计划、中非贸易和投资便利化合作计划、中非减贫惠民合作计划和中非公共卫生合作计划等。

为确保"十大合作计划"顺利实施，中方决定提供总额600亿美元的资金支持，包括：提供50亿美元的无偿援助和无息贷款；提供350亿美元的优惠性质贷款及出口信贷额度，并提高优惠贷款优惠度；为中非发展基金和非洲中小企业发展专项贷款各增资50亿美元等。

对于无偿援助和无息贷款，非方可结合自身实际需要，与中国驻非洲国家使馆和经济商务参赞处密切沟通和协调，根据中非双方在相关合作计划项下确定的援助重点，提出工业化、农业、环保、减贫、卫生、文化和人才培训等领域的具体项目需求，在项目论证、可行性研究、协议商签和项目实施等各个环节加强配合，确保有关项目早日落实，使非洲国家和民众普遍受益。

对于优惠性质贷款及出口信贷额度，将依据中非双方合作惯例，不按国别对具体贷款额度进行划分，实际提供的贷款种类和金额根据非方所提项目实际情况和评估结果确定。非方可结合自身经济发展规划和实际需求，根据中非双方在相关合作计划项下确定的合作内容，重点在基础设施、产能等领域提出合作项目，并加强对申请贷款项目的科学筛选，分出轻重缓急，与中方共同确保项目早日落实。同时，中方将进一步通过多种方式提高优惠贷款的优惠度，充分考虑一些非洲国家和具体项目的实际情况，对优惠贷款的利率、期限等贷款条件进行灵活组合，进一步突出优惠贷款的优惠性质。

中非发展基金经过三期增资后总规模为50亿美元，再增资50亿美元后，总规模将达到100亿美元。中非发展基金对非投资项目涉及基础设施、制造业、农业、工业园等众多领域，在促进和带动中国企业对非投资方面发挥了重要作用，产生了良好的经济和社会效益。中非发展基金规模的进一步扩大，将为中非在产能、投资、贸易等领域的合作提供更加有力的支持。

非洲中小企业发展专项贷款总额10亿美元，再增资50亿美元后，总额度将达到60亿美元。非洲中小企业发展专项贷款已累计向70余个非洲项目发放了贷款，支持了农产品种植加工、轻工机械制造、小商品贸易等众多中小项目，为非洲创造了大量就业岗位，促进了非洲对外贸易的发展。该专项贷款额度的大幅增加，将使非洲中小企业的发展得到更加强有力的资金支持，进一步提高中小企业对非洲工业化和经济多元化发展的贡献。

资料来源：中非合作论坛约翰内斯堡峰会暨第六届部长级会议"十大合作计划"经贸领域内容解读［EB/OL］.（2015-12-21）（2021-03-19）. http：//www. mofcom. gov. cn/article/ae/ai/201512/20151201208518. shtml

本章小结

本章第一节主要介绍国际证券投资概述、国际股票投资、国际债券投资及国际证券投资分析。国际证券投资是投资者以营利为目标，直接或间接投资于国际证券的行为，其参与者更加普遍、投资种类繁多、投资方式灵活，是国际投资中非常活跃的组成部分。股票是一种有价证券，它是股份有限公司发给股东，用以证明其投资者身份和权益，并据以获取股息和红利的凭证。股票最常见的分类是普通股和优先股。股票交易市场的走势通常用股票价格指数来判断。国际债券是由一国政府、金融机构、企事业单位或国际金融机构在国际证券市场上发行的，以某种货币为面值的债券，一般分为外国债券和欧洲债券。国际股票市场的行情不仅反映市场所在国的经济状况，也可以反映世界经济的发展状况。影响股票交易价格的因素通常分为基本因素和技术因素两大类。第二节介绍了国际信贷、国际银行贷款及国际金融组织贷款。国际信贷是指国际资金的借贷活动，是一国的银行、其他金融机构、政府、公司企业以及国际金融机构在国际金融市场上向另一国的银行、其他金融机构、政府、公司企业以及国际金融机构提供的贷款。国际银行贷款，是指一国国内机构向国外的商业银行以借贷方式筹措的资金，借款利率执行市场利率，且资金不限定用途。国际金融组织贷款是指从事国际金融业务的机构向借款国（一般是成员国）提供的贷款。国际金融组织分为全球性金融组织和区域性金融组织两类。全球性国际金融组织主要有世界银行、国际货币基金组织、国际农业发展基金会等；区域性国际金融组织主要有亚洲开发银行、泛美开发银行、非洲开发银行、欧洲复兴开发银行、阿拉伯货币基金组织等。

本章思考题

1. 名词解释。

国际信贷　股票　外国债券　欧洲债券　普通股　优先股　道氏理论

2. 股票的特征是什么？

3. 简述普通股与优先股的异同点。

4. 国际债券评级机构一般将债券分为哪几级？

5. 国际信贷有哪几种类型？

6. 影响国际市场上股票价格的因素有哪些？

7. 案例分析：阅读以下资料，结合所学的知识对复星国际有限公司的多元化投资进行评价。

（1）复星投资 Thomas Cook。

2015年3月6日，复星国际有限公司（简称"复星国际"）宣布已通过其附属公司 Fidelidade 所持有的一家间接全资附属公司，当天与 Thomas Cook Group plc（"Thomas Cook"）签署股权认购协议，以每股 1.255 9 英镑的价格认购 Thomas Cook 新增发的 73 135 777 股普通股，占 Thomas Cook 当前已发行普通股股本的 5%，总代价为 91 851 222.33 英镑。

Thomas Cook 为世界领先的休闲旅游集团之一，截至 2014 年 9 月 30 日其年度销售额达 85 亿英镑。Thomas Cook 拥有约 27 000 名员工，业务遍布 15 个客源市场。复星国际则具备丰富的专业知识和资源，两者联合可充分利用日益增长的国际休闲旅游的需求。投资 Thomas Cook 充实了复星国际在该领域的其他投资，有助于进一步创造价值。

资料来源：复星投资 Thomas Cook［EB/OL］.（2015－03－06）［2021－01－20］. https://www.fosun.com/p/783.html

（2）复星入股 Ingenico。

2015年5月，全球安全电子支付领先企业 Ingenico 集团（泛欧证交所：FR0000125346-ING）宣布与复星国际及其联属公司建立战略合作伙伴关系，从而拓展其在中国的业务发展战略。根据协议，复星将通过旗下管理基金收购 Ingenico 中国业务约 20% 的股份。

作为 Ingenico 集团的中国子公司，福建联迪商用在过去几年时间里，依托深厚的产业资源，凭借创新和服务与各大银行及支付服务供应商展开深入合作，迅速成为中国最大的、专业从事安全电子支付领域相关产品和系统解决方案的支付终端供应商。与此同时，Ingenico 集团开展了多个除支付终端以外的项目，其中包括与全球通信解决方案提供商中兴通信建立了合资公司中兴尼科（ZIMPAY），致力于为移动支付市场提供全方位的、整体的支付系统解决方案。

通过此次合作，双方将 Ingenico 集团在电子支付领域的先进技术和专业能力，与复星植根中国、面向全球的产业布局和投资能力相结合，从而进一步深化在中国支付领域的发展。

资料来源：复星入股 Ingenico［EB/OL］.（2015-06-11）［2021-01-20］. https://www.fosun. com/p/798. html

第八章

国际灵活投资

■/// 学习目标

(1) 掌握国际租赁的概念、特点及分类。

(2) 掌握国际工程承包的概念、特点。

(3) 了解国际工程承包的方式及其创新。

(4) 掌握风险投资的概念、特点。

(5) 了解风险投资的运作。

■/// 导入案例 8-1

非洲跨径最大悬索桥连通中非友谊

2018 年 11 月，在非洲大陆的东南部，中国路桥承建的莫桑比克马普托大桥及连接线项目正式建成通车，为美丽的海港城市马普托 131 周岁生日送上了最好的礼物。

莫桑比克马普托跨海大桥是截至 2018 年年底非洲主跨最长的悬索桥，大桥总长约 3 千米，主跨 680 米，大桥北连马普托老城区，南接待开发的卡腾贝新区，结束了两岸的"轮渡史"，使卡腾贝迅速成为马普托市的"浦东新区"，并为莫桑比克南部地区乃至整个南部非洲的快速发展奠定了基础。

马普托大桥由中国路桥总承包，二公院、中咨集团、公规院、中交路建、二公局、四航局、振华重工等单位参与设计与施工。该项目建设期间累计为当地创造了 3 788 个就业岗位，培养各类技术工人 5 000 余人，成为莫培养本土产业工人的大学校。

马普托大桥及连接线项目使莫桑比克拥有了一条真正意义上贯穿南北的陆地交通线路，有利于促进沿线经贸、刺激当地旅游业发展，符合"一带一路"的建设思路，也必将成为中莫两国友谊的见证。

资料来源：中国路桥二公局. 非洲跨径最大悬索桥连通中非友谊 [EB/OL]. (2019-04-19) [2021-01-21]. http://www.ccccltd.cn/news/jcxw/sdbd/201904/t20190419_96277.html

第一节　国际租赁

一、国际租赁概述

（一）国际租赁的概念

租赁业务是一种既古老又崭新的投资经营方式，从字面看，租是出租人将租赁物借给他人使用而取得报酬，赁是承租人借他人的设备物件而付出费用。租赁业务中租赁物的所有权和使用权相分离，具体来说，出租人既获得了经济报酬，又不失去租赁物的所有权，承租人则通过付出一定的代价获得了租赁物的使用权。

国际租赁业务是指跨国界的出租人将租赁物交给承租人有偿使用的一种跨国经营方式。国际租赁包括两类业务：跨国租赁和间接对外租赁。跨国租赁是指分别处于不同国家或不同法律下的出租人和承租人之间的租赁安排，即至少要涉及两个以上国家的不同法律、税收和会计准则。间接对外租赁是指一家租赁公司的海外法人企业在当地经营的租赁业务，不管承租人是否为当地用户，这类业务均属于间接对外租赁。

（二）现代租赁的特点

现代租赁业务与传统租赁业务不同，它以金额巨大的机器设备、飞机、船舶等为租赁对象，是企业进行长期资本融资的一种手段，其具有以下特点：

1. 现代租赁是融资和融物相结合，以融资为主要目的的经济活动

现代租赁业务中，出租人按承租人的需要购得设备后，再将其出租给承租人使用，目的在于收取超过贷款本息的租金，是一种投资行为；而承租人则通过取得设备的使用权，解决其资金不足的问题，利用租来的设备生产出高额利润的产品来偿还租金。现代租赁业务中，租期往往与租赁物的寿命一样长，也就是将物品所有权引起的一切责、权、利转让给承租人，成为一种变相的分期付款，即融资与融物相结合。

2. 承租人对租赁物的所有权和使用权是分离的

租赁期内，设备由出租人购买，出租人拥有其所有权；承租人按时支付租金并履行租赁合同条款，享有其使用权。

3. 承租人有选择设备和设备供货商的权利

现代租赁业务中，出租人租赁的设备往往是根据承租人提供的型号、规格等要求购置的，甚至提供设备的供货商和购买设备的合同条件都是由承租人商定的。

（三）国际租赁的当事人

国际租赁交易中往往签订两份或两份以上合同，至少涉及三方当事人，即出租人、承租人和供货人。

1. 出租人

出租人是出租租赁标的物的人，既是出资人或投资人，又是购买租赁标的物的人，在法律上享有租赁标的物的所有权。目前，在国际租赁业务中充当出租人的组织机构主要有：专

业租赁公司、银行和保险公司等金融机构、制造商、经销商和经纪人、租赁联合体、国际性租赁组织。

2. 承租人

承租人是支付租金、享有租赁标的物使用权的人。在现代国际租赁业务中，承租人通常是企业，而不是个人。有些国家的租赁法律里明文规定，承租人是企业，不是个人。

3. 供货人

供货人即租赁标的物的生产者、制造商，或者其他供应租赁标的物的人。出租人必须从供货人那里购进货物，然后由供货人直接将货物交付承租人使用。

◤◢◤ 导入案例 8-2 ----

渤海租赁子公司 Avolon 顺利交付全球首架 A330 NEO 飞机

2018 年 11 月，渤海租赁控股子公司 Avolon 在空客图卢兹工厂顺利向葡萄牙航空公司（TAP）交付世界首架空客 A330 NEO 飞机。Avolon、空中客车、葡萄牙航空和罗尔斯·罗伊斯（Rolls-Royce，世界知名的飞机发动机制造商）的代表出席了交付仪式。

A330 NEO 是空客集团推出的最新款双通道 A330 系列飞机。该机型使用了罗尔斯·罗伊斯 Trent 7000 型发动机，装配了新型优化机翼，并使用了大量轻型材料。该机型可容纳287 个座位，相对同级别旧机型能够节省超过 25% 的油耗。

作为新一代高科技飞机，空客 A330 NEO 在降低燃油消耗、提升单位效能等方面表现出色，能够助力 TAP 进一步提升运力水平。

渤海租赁子公司 Avolon 具有全球前三大飞机租赁公司中最年轻的机队构成，拥有 319架订单飞机储备，且均为新一代低油耗飞机。公司致力于为全球客户提供市场上最新、最具科技含量和最节能的飞机。

资料来源：渤海租赁子公司 Avolon 顺利交付全球首架 A330 NEO 飞机［EB/OL］.（2018-11-27）［2021-01-21］. http：//www. bohaileasing. com/content/details_ 119_ 1116. html

二、国际租赁类型

（一）按照租赁目的和收回投资分类

从租赁的目的和收回投资的角度来看，可分为金融租赁、经营租赁、维修租赁、衡平租赁和综合性租赁。

1. 金融租赁

金融租赁是典型的设备租赁采用的基本形式，是指由租赁公司融资，把承租人自行选定的机械、设备买进或租进，然后租给企业使用，企业则按合同规定，向租赁公司按期支付租赁费。租赁合同到期后的处理方法一般有三种：合同期满将设备退还租赁公司；公司到期继续租赁；留购，以象征性价格把设备买下来，办理产权转移的法律手续。

金融租赁具有以下特点：

（1）金融租赁的租赁对象以满足特定用户需求的专用设备为主，是由承租人自主选定的，因此，在合同期内原则上不得解约。

（2）出租人在基本租期内只能租给一个特定的用户，并可在一次租赁期限内全部收回投资和利润。

（3）金融租赁涉及三方当事人，即出租人、承租人和供货人；至少涉及两个以上合同，即出租人与承租人签订的租赁合同和出租人与供货人签订的采购与供货合同。

（4）采取金融租赁方式的租期较长，一般租赁期为3~5年，但飞机、钻井平台等大型设备的租赁期可在10年以上。

（5）金融租赁的出租人不承担所租赁设备维修保养的义务和责任。

2. 经营租赁

经营租赁是指出租人既出租物品又提供服务的二合一的租赁方式。从租借物品来看，既包括建筑机械、运输机等通用设备和企业闲置剩余的设备，也包括技术更新快的计算机及文字处理机等设备。

经营租赁具有以下特点：

（1）在租赁期内，出租人只能从一次租赁业务中收回设备的部分垫付资金，需要通过将该设备多次出租给多个承租人，才能收回部分投资和获得利润。

（2）承租人只能在出租人的现货中挑选租赁物品，如果承租人发现租赁的设备过时，在承租人预先通知出租人的前提下，可以将所租赁的过时设备退回给出租人，以租赁更先进的设备。

（3）经营租赁的时间较短，租期一般远远低于设备的使用寿命，一般在3年以下。

（4）出租人负责提供设备的维修与保养等服务，且承担设备过时的风险，因此，租金较高，一般高于其他租赁方式。

3. 维修租赁

维修租赁是金融租赁加上各种服务条件的租赁方式。维修租赁具有以下特点：维修租赁的出租人除了出租设备外，还要提供其他服务，因此，其租金高于金融租赁，但一般低于经营租赁；维修租赁的租赁期较长，通常是2年以上，租赁物以车辆为主，其目的是减轻承租人对车辆等的维修、管理业务；在维修租赁的合同期限内，原则上不能中途解约；采用这种方式租赁汽车时，租赁公司向用户提供一切业务上所需的服务，包括购货、登记、纳税、保险、检查、维修、检车和事故处理等服务。

4. 衡平租赁

衡平租赁也称杠杆租赁，是指出租人提供购买拟租赁设备价款的20%~40%，其余60%~80%由出租人以设备做抵押向银行等金融机构贷款，便可在经济上拥有设备的所有权及享有政府给予的税收优惠，然后将用该方式获得的具有所有权的设备出租给承租人使用的一种租赁方式。

衡平租赁具有以下特点：

（1）在法律上至少要有三方的关系人，即一方为承租人，一方为出租人，还有一方为贷款人。

（2）衡平租赁一般还牵涉其他两方面的关系人，即物主托管人和契约托管人。贷款人对出租人提供的贷款成为衡平租赁的基础，由于契约托管人拥有出租设备的抵押权，故贷款人不得对出租人行使追索权。

（3）租金偿付须保持均衡，每期所付租金不得相差悬殊；出租人投资设备价款的 20% ~ 40%，但可得到 100% 的税务优惠。

（4）租约期满，承租人按租进设备残值的公平市价留购该设备或续租，不得以象征性价格付款留购该设备。

5. 综合性租赁

综合性租赁是一种租赁与贸易相结合的租赁方式。这种方式既可以减少承租人的外汇支付，也可以扩大承租人与出租人之间的贸易往来。综合性租赁主要是与补偿贸易、来料加工、包销、出口信贷等方式相结合。如，租赁和补偿贸易相结合的租赁形式，是出租人将机器设备租给承租人，而承租人以所租赁机器设备生产的产品来偿付租金。

（二）按照出租人设备贷款的资金来源和付款对象分类

按照出租人（租赁机构）设备贷款的资金来源和付款对象分类，可分为直接租赁、转租赁和回租租赁。

直接租赁是指出租人用在资本市场上筹集的资金，从国内外购进机器设备，再直接出租给承租人使用。直接租赁一般包括两个合同，即出租人与厂商签订的买卖合同、出租人与承租人签订的租赁合同。

转租赁是指出租人从租赁公司或制造商处租进一项设备后转租给用户。转租赁与直接租赁的主要区别是：转租赁是从租赁公司处获得租赁融资便利，直接租赁则是从银行、金融机构以传统信贷方式直接获得融资便利。通常，只有在租赁内含利率低于贷款利率时，租赁公司才会考虑转租赁。

回租租赁是指企业由于缺少资金，先将设备卖给租赁公司，再作为承租人租回原设备继续使用，按期向租赁公司支付租金。回租租赁是当企业缺乏资金时，为改善其财务状况而采用的一种做法。通过回租，承租人把固定资产变成现金，再投资于其他业务，同时仍可继续使用该项资产。

导入案例 8-3

马士基航运 5 亿美金船舶租赁项目花落民生金融租赁

2017 年 9 月，随着民生金融租赁股份有限公司（以下简称"民生金融租赁"）、马士基航运和德国北方银行三方代表在船舶交接文件上签字，马士基航运 5 艘 13100 TEU 集装箱船经营租赁项目正式完成交割。

该项目金额合计超过 5 亿美元，是民生金融租赁历史上单笔金额最大的船舶经营租赁项目，由民生金融租赁从德国北方银行手中购买 5 艘 13100 TEU 集装箱船，以经营租赁方式出租给全球班轮行业排名第一的马士基航运运营。

民生金融租赁凭借过硬的专业能力和特色化的报价方案，在众多租赁公司中脱颖而出，最终赢得马士基航运的信赖。该项目从确定交易意向至 5 条船全部交割完成仅用时月余，公司船舶团队在项目推进过程中的专业、高效获得了马士基航运的高度认可与赞扬。

马士基航运是丹麦巨头马士基集团旗下的班轮运输企业，是目前世界上最大的班轮运输公司，也是国际船舶投融资机构争相合作的重要客户。这次交易是民生金融租赁公司与其首度正式合作，也是继与全球排名第二、第三的班轮公司——地中海航运、达飞航运合作多年后，再度与顶级航运公司携手，进一步巩固和提升了"民生船舶租赁"在国际市场上的品牌形象，是民生金融租赁在努力打造国际化、专业化金融租赁公司的道路上迈出的重要一步。

资料来源：马士基航运 5 亿美金船舶租赁项目花落民生金融租赁［EB/OL］.（2017-09-20）［2021-01-21］. http：//www. msfl. com. cn/content/details_ 15_ 5346. html

第二节　国际工程承包

一、国际工程承包概述

（一）国际工程承包的概念

国际工程承包是指国际经济技术合作公司或一国的承包公司，以自己的资金、技术、劳务、设备、材料、管理和许可证等，在国际承包市场上通过投标、议标和其他协商途径，按国际工程业主的要求，为其营造工程项目或从事其他有关经济活动，并按事先商定的合同条件收取费用的一种国际经济合作形式。

国际工程承包涉及的当事人主要有工程项目的所有人（业主或发包人）和承包商，业主主要负责提供工程建造所需的资金和酬金等，承包商负责工程项目的建造、工程所需要的设备和原材料的采购以及提供技术等。

（二）国际工程承包的特点

1. 内容复杂，工程差异大

国际承包工程整体面临投资环境复杂的现状，如涉及项目所在国的社会、政治、经济、文化、法律，也涉及工程技术、贸易、投资等领域，还涉及项目本身的项目可行性研究、基本设计与估计、招投标、签约、施工、移交等事宜。另外，不同项目及项目所在国不同，也使得工程存在较大差异。

2. 营建时间长

由于国际承包工程项目大，一般有一个较长的施工期，短则 1 ~ 3 年，长则 10 年左右，最短的也不会少于半年。

3. 合同金额大

国际承包工程项目的交易金额很大，少则数十万美元，多则上亿美元，有的甚至高达几十亿美元。由于商品、技术和劳动力在各地区的成本和价格差异较大，承包人能够获得巨额利润。

4. 经营风险大

国际工程承包作为一种资本、技术、设备、劳务和其他商品的综合输出，在实施的过程中，要受到各种条件的制约和影响，许多条件也是承包商自己无法估计和控制的。

5. 涉及关系广

虽然国际工程承包合同的签约人只有业主和承包商两方，但在合同实施过程中，却要涉及多方面的关系人，如业主代表及咨询公司、承包商合伙人及各类材料供应商。

▰▰▰ 导入案例 8-4 ▪▪▪▪

俄罗斯阿穆尔天然气处理厂非专利装置 EPC 总承包项目

2017 年 4 月，中国石油工程建设有限公司（简称 CPECC）与 NIPIgas 公司签署了俄罗斯阿穆尔天然气处理厂项目非专利装置 EPC 总承包合同，合同总价为 25.2 亿美元。该项目位于俄罗斯远东区南部与中国交界的阿穆尔州首府布拉戈维申斯克市，是俄罗斯政府西伯利亚力量战略工程的重要组成部分，也是向中国东线供气的重要项目。

项目的天然气处理量最大可达 420 亿立方米/年。项目包括 6 列天然气净化生产线、3 列氦液化生产线、3 列天然气凝液生产线。商品氦产能为 10 000 吨/年，乙烷产能为 260 万吨/年，液化天然气产能为 160 万吨/年。根据合同，CPECC 将承担气体干燥、净化、分馏及增压站等装置的设计、采购、施工、开工等工作。

资料来源：中国石油官方网站 2017 年 4 月 27 日相关新闻报道

二、国际工程承包方式

（一）总包

总包是指从投标报价、谈判、签订合同到组织合同实施的全部过程，包括整个工程的对内和对外转包与分包，且均由承包商对业主负全部责任。这是目前国际工程承包活动中使用最多的一种承包形式。

（二）单独承包

单独承包是指由一家承包商单独承揽某一工程项目。采用这种方式的承包商均具有较强的资金和技术实力。

（三）分包

分包是指业主把一个工程项目分成若干个子项目或几个部分，分别发包给几个承包商，各分包商都对业主负责。在整个工程项目建设中，由业主或业主委托某个工程师，或业主委托某个分包商负责各分包工程的组织与协调工作。在分包条件下，业主分别与各承包商签订的承包合同叫分包合同或分项合同。

（四）二包

二包是指总包商或分包商将自己所承包的工程的一部分转包给其他承包商。二包商只对总包商或分包商负责，不与业主发生关系，但总包商或分包商选择的二包商必须征得业主的同意。一般说来，总包商或分包商愿意把适合自己专长、利润较高、风险较小的子项目留下来，而把利润低、施工难度较大而且自己又不擅长、风险较大的子项目转包出去。

（五）联合承包

联合承包是指由几个承包商共同承揽某一个工程项目，各承包商分别负责工程项目的某一部分，由它们共同对业主负责的一种承包形式。联合承包一般适用于大型的技术较复杂的工程项目。

（六）合作承包

合作承包是指两个或两个以上事先达成合作承包协议的承包商，各自参加某项工程项目的投标，不论哪家公司中标，都按协议共同完成工程项目的建设，并由中标承包商与业主进行协调。

三、国际工程承包的方式创新

（一）BOT

BOT（Build-Operate-Transfer），即"建设-经营-转让"，是基础设施投资、建设和经营的一种方式，以政府和私人机构之间达成协议为前提，由政府向私人机构颁布特许，允许其在一定时期内筹集资金建设某一基础设施并管理和经营该设施及其相应的产品与服务。在保证私人资本能够获取利润的前提下，政府对该机构提供的公共产品或服务的数量和价格可以有所限制。这种方式有利于减轻政府直接的财政负担。

◢◤◥ \ 导入案例 8-5 ----

越南永新电厂一期 BOT 项目 1 号机组并网成功

2018 年 4 月，中国企业在越投资建设的首个 BOT 电厂——越南永新电厂一期工程 1 号机组首次并网一次成功，标志着此 BOT 项目从建设期开始转入运营期。

该项目由中国建筑第二工程局有限公司所属电力公司和中国建筑第三工程局有限公司所属二公司承建，建设内容为 2 台 620MW 等级超临界机组，工程设计、建造采用中国标准，是越南首个采用无烟煤"W"火焰燃烧技术的电力项目，计划年发电量达 80 亿千瓦时，最大供电范围可达到北部十二省，投产后将极大地缓解越南中南部地区的"电荒"问题。

资料来源：越南永新燃煤电厂一期 BOT 项目 1 号机组并网成功 [EB/OL]. (2018-04-13) [2021-01-23]. http://www.cscec.com.cn/zgjz_new/xwzx_new/gsyw_new/201804/2880587.html

（二）TOT

TOT（Transfer-Operate-Transfer），即"移交-经营-移交"，是指政府部门或国有企业将建设好的项目的一定期限的产权或经营权，有偿转让给投资人，由其进行运营管理；投资人在约定的期限内通过经营收回全部投资并得到合理的回报；双方合约期满之后，投资人再将该项目交还政府部门或原企业的一种融资方式。

TOT 项目融资与 BOT 项目融资相比，省去了项目经营者建设阶段的风险，项目接手后就有收益，并且项目收益已步入正常运转阶段。此时，项目经营者通过向金融机构质押经营收益权的方式进行再融资会容易得多。

\ 导入案例 8-6

中国建筑签约首个海外公路 TOT 模式特许经营项目

2018 年 12 月，中国建筑与刚果（布）政府正式签署刚果（布）国家 1 号公路特许经营合同，标志着中国建筑首个海外公路 TOT 模式特许经营项目成功落地。

刚果（布）国家 1 号公路于 2019 年正式进入运营期，将由中国建筑、法国 EGIS 和刚果（布）政府联合组建公司进行收费运营、道路养护及大修，运营期限 30 年，预计营业收入将达 60.7 亿欧元。

该公路是连接首都布拉柴维尔和经济中心黑角之间的一条交通要道，全长约 536 千米，建造总合同额达 28.9 亿美元，是中刚建交以来两国最大、最重要的合作项目，被誉为刚果（布）的"梦想之路"。1 号公路于 2008 年 5 月动工，2016 年 3 月全线竣工，历时八年，是刚果（布）等级最高、通行体验最好的公路。

刚果（布）国家 1 号公路是中资企业迄今为止在境外规模最大的海外公路特许经营项目，项目的签约是中国建筑长期积极响应国家"一带一路"倡议的硕果，是中国建筑主动转型升级、合作共赢、寻求新思路、新发展的结晶。

资料来源：中国建筑签约首个海外公路 TOT 模式特许经营项目 [EB/OL]. (2018-12-11) [2021-1-27]. http：//www. cscec. com. cn/xwzx_ new/gsyw_ new/201812/2899254. html

（三）ABS

ABS（Asset-Backed Securitization），即"资产支持证券化"，是指以目标项目所拥有的资产为基础，以该项目资产的未来预期收益为保证，在资本市场上发行高级债券来筹集资金的一种融资方式。

ABS 具有以下特点：

（1）通过证券市场发行债券筹集资金，这是 ABS 不同于其他项目融资方式的一个显著特点。

（2）ABS 融资隔断了项目原始权益人自身及项目资产未来现金收入的风险，使其清偿债券本息的资金仅与项目资产的未来现金收入有关，有利于分散投资风险。

（3）ABS 通过发行投资级债券募集资金，这种负债不反映在原始权益人的资产负债表上，从而避免了原始权益人资产质量的限制。

（4）ABS 信用评级的灵活性较大，其取决于证券化资产的质量和交易结构等可变因素。

（四）PPP

PPP（Public-Private Partnership），即政府和社会资本合作，是公共基础设施中的一种项目运作模式。在该模式下，鼓励私营企业、民营资本与政府进行合作，参与公共基础设施的建设。PPP 广义的概念是指在政府公共部门与私营部门合作过程中，让非公共部门所掌握的资源参与提供公共产品和服务，从而实现比合作各方预期单独行动更为有利的结果。与 BOT 相比，狭义 PPP 的主要特点是，政府对项目中后期建设管理运营过程参与更深，企业对项目前期科研、立项等阶段参与更深。政府和企业都是全程参与的，双方合作的时间更长，信息也更对称。

PPP 具有三大特征：

（1）伙伴关系，这是 PPP 首要的问题，即 PPP 中私营部门与政府公共部门的项目目标一致。项目目标一致，也就是在某个具体项目上，以最少的资源实现最多最好的产品或服务的供给。私营部门以此目标实现自身利益的追求，而公共部门则以此目标实现公共福利和利益的追求。

（2）利益共享。PPP 项目都带有公益性，不以利润最大化为目的，因此在分享利润时，还需要控制私营部门可能的高额利润，即不允许私营部门在项目执行过程中形成超额利润。利益共享除了指共享 PPP 的社会成果，还包括使作为参与者的私人部门、民营企业或机构取得相对平和、长期稳定的投资回报。

（3）风险共担。公共部门与私营部门合理分担风险的这一特征，是 PPP 项目区别于公共部门与私营部门其他交易形式的显著标志。在 PPP 中，公共部门尽可能大地承担自己有优势方面的伴生风险，而让对方承担的风险尽可能小。如，在隧道、桥梁、干道建设项目的运营中，如果因一般时间内车流量不够而导致私营部门达不到基本的预期收益，公共部门可以对其提供现金流量补贴，这种做法可以在"分担"框架下，有效控制私营部门因车流量不足而引起的经营风险。同时，私营部门会按其相对优势承担较多的，甚至全部的具体管理职责，而这也正是政府管理层"官僚主义低效风险"易发的领域，由此，风险得以规避。

第三节　国际风险投资

一、风险投资概述

（一）风险投资的概念

风险投资（Venture Capital）也称创业投资、风险资本。广义的风险投资是指一切具有高风险高潜在收益的投资；狭义的风险投资是指对以高新技术为基础的，生产与经营技术密集型产品的投资。从投资者行为的角度讲，风险投资是把资本投向蕴含着失败风险的高新技术及其产品研究开发领域的一种投资过程，其旨在促进高新技术成果尽快商品化、产业化，以取得高资本收益。风险投资是一种从事高技术，并伴随着高风险和高回报的活动，高新技术产业的创业风险是技术风险、产业化风险和规模化风险的综合体现。

（二）风险投资的特点

风险投资不同于传统的其他投资方式，它的特征主要包括：

（1）高收益、高风险是风险投资区别于其他投资方式的首要特征。风险投资进行技术创新投资存在巨大风险，其失败的可能性远大于成功，但投资一旦成功，便可获得超额利润，从而弥补其他项目失败的损失。

（2）风险投资资金主要投向新兴的、快速成长的高新技术企业，尤其是未上市的此类企业。高科技产业产品附加值高、风险大，因此收益也高，符合风险投资的特点。

（3）通过中长期持股为投资企业提供一种长期的发展环境，待投资企业相对成熟，股权增值后，通过股权转让方式退出投资，实现资本增值，然后开始新一轮的投资。

（4）风险投资是一种主动参与管理的专业投资。通过积极参与企业经营管理，提供技术咨询、管理经验、市场营销等资本经营服务等，促使投资企业迅速成长并增值。

（5）风险资本具有再循环性。风险投资以"投入—回报—再投入"的资金运行方式为特征。风险投资者在风险企业的创业阶段投入资金，一旦创业成功，即在证券市场上转让股权或抛售股票，收回资金并获得高额利润。风险资本退出企业后，带着更多的投资资本，寻找投资新的风险投资机会。

二、风险投资的运作

风险投资运行的主体包括风险投资机构、投资者、创业企业。风险资本首先从投资者流向风险投资机构，经过风险机构的筛选，再流向创业企业，通过创业企业的运作，资本得到增值，再回流至风险投资机构，风险投资机构再将收益回馈给投资者，构成资金循环。

（一）风险投资运作的主体

1. 投资者

投资者指风险资本的提供者，主要包括富裕的家庭和个人、大企业、保险公司、养老基金和其他基金等。出于追求高额回报的动机，这些投资者会将闲置的资金投至收益高的风险投资。但基于资金有限、投资能力弱等方面的制约，为了规避风险，他们往往把一部分资金交给风险投资机构代为运作。

2. 风险投资机构

风险投资机构是风险投资的运作者，也是风险投资流程的中心环节。风险投资机构并不是资金的最终使用者，其主要职能是辨认和寻找投资机会、筛选投资项目、决定投资方向、获益后退出投资。即资金经由风险投资机构的筛选，流向创业企业，待取得收益后，再经风险投资机构回流至投资者。

风险投资机构的组织形式一般分为公司制和有限合伙制，其中有限合伙制更为普遍，这主要是由风险投资机构性质决定的，这种形式将风险投资家的个人利益与公司利益结合起来，建立了激励与约束协调一致的运作机制。有限合伙制包括有限责任的股东（即有限合伙人）和无限责任的股东（普通合伙人），有限合伙人一般提供99%的资本金，分得75%～85%的税后利润，其责任以出资额为限；普通合伙人一般提供1%的资本金，分得5%～25%的税后利润，对公司负无限连带责任。

3. 创业企业

创业企业是风险资金的最终使用者。风险投资者对创业企业进行鉴定、评估，判断创业企业的技术与产品是否为市场所需要，以及是否具备足够大的市场潜力及盈利能力，进而决定是否提供及如何提供资金。同时，创业企业家也对风险投资者进行考察，确定风险投资者的资金状况、经营风格和运作能力。

（二）风险投资的进入与退出

1. 风险投资的资金来源

风险投资是一种权益资本，一般以股权投资方式进行，在较长的时间内不能变现。风险投资资本需要一个相对稳定的资金来源，风险资本主要有基金、银行控股公司、富有阶层、保险公司、投资银行、非银行金融机构等。

2. 风险投资的进入

风险投资的目标企业多为高新技术行业，且一般是中小企业或新型企业，这类企业具有发展潜力大、成长快、收益大、风险高的特点。具体来看，风险投资的进入分为三个阶段：

第一阶段，投资项目的产生与初步筛选。筛选有市场潜力并符合公司投资要求的项目，一般从投资行业、技术创新的可行性、市场前景、项目的发展阶段、投资规模、公司人员和管理状况等方面选择有投资价值的项目。

第二阶段，投资项目的调查、评价与选择。风险投资者通过搜集企业以往的经验资料，向企业的供应商、客户、竞争对手以及其他熟悉企业的人员了解情况，通过中介机构掌握资料，分析企业的经营计划和财务报表。经过调查，风险投资者对项目的产品市场、经济核算情况进一步评价，确定有投资价值的项目。

第三阶段，投资项目的谈判与协议。风险投资者基本确定有投资意向的项目后，与该项目企业的有关管理人员进行谈判协商，共同设计、确定交易结构并达成协议。达成协议后，双方成为利益共同体，通过合作推动风险企业的发展，实现各自利益。

3. 风险投资的资金管理

风险资金的管理从投资项目立项开始，首先，避免重复投资、盲目投资及垄断性的行业管理；其次，由风险投资各方组建精干机构进行集团管理，实施投资方和企业法人协调管理；其次，注意风险防范，强化风险管理，实现各方权责分明的责任管理机制。

风险企业通常由自身的管理团队直接管理，且风险投资主体一定要参与管理，派出人员参加董事会及高层管理会议，帮助总经理进行决策。当风险企业出现经营困难时，投资公司有权更换其总经理或决定申请破产。

4. 风险投资的退出

风险投资的目的不是控股风险企业，而是带着丰厚的利润从风险企业中退出，再继续下一轮投资。风险资本的退出方式主要有以下几种：

（1）IPO。IPO是风险资本最理想的退出方式，对于风险投资公司和风险企业来说都能较好地实现各自的利益。IPO可以为风险投资主体带来巨额投资回报，其不足之处是监管部门基于稳定股市的需要，一般会限制风险投资公司首次发行时出售的比例，而且通过IPO方式退出，交易成本高，不活跃的证券市场也会影响IPO成功的概率。

（2）兼并收购。中小科技企业发展前景好，有新技术作为支撑，价格也不是很高，对想进入这一领域或在这一领域的大公司很有吸引力。兼并收购较IPO平均回报低，但风险投资公司可以迅速从风险企业退出，复杂性及交易成本也比IPO低很多，因此，近年来风险资本采用此种方式退出的比例在不断增加。

（3）回购。风险企业购回风险投资公司所占的股份，一种是风险企业管理者从风险投资公司手中购回其所持股份，以更大程度地控制企业；另一种是风险企业与风险投资公司在初始阶段就约定好，在该项目不成功时，风险企业购回股份，以保证风险投资公司的利益。

（4）破产清算。风险投资一旦确认失败就果断退出，以最大限度地减少损失，并及时收回资金，这也是风险投资在迫不得已的情况下才会做出的选择。

▰▰▰\ **导入案例8-7** ....

苏州康乃德生物医药有限公司3轮融资

苏州康乃德生物医药有限公司（以下简称"康乃德"）是由海归博士团队于2012年创建成立的，是一家致力于开发治疗自身免疫疾病和癌症的免疫调节剂新药，并拥有临床阶段产品的公司，2019年荣获苏州市"独角兽"培育企业，2020年入选《2020胡润中国猎豹企业》。基于企业发展前景良好，产品销售市场需求广，获得了国内外著名投资机构的青睐，顺利完成了3轮融资。融资过程及投资机构如下：

截至2019年1月，康乃德完成了A、B两轮，融资金额分别为2 500万美元和5 500万美元，由启明创投、北极光创投等5家公司共同参与投资。

2020年8月，康乃德完成了1.15亿美元的C轮融资，由RA Capital Management领投，Lilly Asia Ventures（礼来亚洲基金）、Boxer Capital和HBM Healthcare Investments参与投资，现有投资股东启明创投继续跟投共同完成。

康乃德不仅得到启明创投等国内投资公司的认可，也获得RA Capital Management等美国、欧洲和亚洲国际顶级投资机构的国际资本投资，反映了业界资本对康乃德新药产品管线、研发技术平台和发展策略的高度认可。

启明创投是一家领先的中国风险投资基金，专注于投资TMT、医疗健康（Healthcare）等行业早期和成长期的优秀企业，旗下管理九支美元基金、五支人民币基金，管理资产总额超过53亿美元。截至2020年，启明创投已投资超过350家高速成长的创新企业，其中有超过110家分别在美国纽交所、纳斯达克，中国香港联交所，中国台湾证券柜台买卖中心，中国上交所及深交所等交易所上市，有30多家企业成为行业公认的独角兽和超级独角兽企业。

RA Capital Management是一家专注医药健康投资的国际顶级基金，以业绩为导向并投资制药、医疗器械和诊断相关领域的私有和上市企业，同时为这些公司提供资金和战略支持。其灵活的策略允许公司为初创企业提供种子资金，引导私人投资、上市，并为投资的公司提供后续融资。

Boxer Capital由国际著名投资机构Tavistock Group医疗健康团队于2005年创立，是一家专注于投资生物技术领域的基金，位于美国加州圣地亚哥市。其通过投资多种疾病适应证的创新疗法，来帮助改善患者护理与治疗效果，以创造价值。该基金投资私有及上市创新药企业，涵盖了从早期临床前研发到后期临床研发乃至商业化推广的新药开发全过程的公司。

资料来源：根据苏州康乃德生物医药有限公司官方网站的新闻报道整理

本章小结

本章第一节介绍国际租赁。国际租赁业务是指跨国界的出租人将租赁物交给承租人有偿使用的一种跨国经营方式。从利用租赁的目的和收回投资的角度，可分为金融租赁、经营租赁、维修租赁、衡平租赁、综合性租赁。按照出租人（租赁机构）设备贷款的资金来源和付款对象，可分为直接租赁、转租赁和回租租赁。第二节介绍国际工程承包。国际工程承包是指国际经济技术合作公司或一国的承包公司，以自己的资金、技术、劳务、设备、材料、管理和许可证等，在国际承包市场上通过投标、议标和其他协商途径，按国际工程业主的要求，为其营造工程项目或从事其他有关经济活动，并按事先商定的合同条件收取费用的一种国际经济合作形式。其承包方式包括总包、单独承包、分包、二包、联合承包、合作承包、BOT、TOT、ABS、PPP等。第三节介绍国际风险投资。风险投资也称为创业投资、风险资本。广义的风险投资是指一切具有高风险、高潜在收益的投资；狭义的风险投资是指对以高新技术为基础的，生产与经营技术密集型产品的投资。风险投资运行的主体包括风险投资机构、投资者、创业企业。风险投资的退出方式包括IPO、兼并收购、回购、破产清算。

本章思考题

1. 名词解释。

国际租赁　国际工程承包　风险投资　维修租赁　衡平租赁　综合性租赁

2. 现代租赁业务的特点是什么？

3. 比较金融租赁和经营租赁的不同点。

4. 什么是BOT、TOT、ABS？比较三者的异同及优缺点。

5. 风险投资的退出方式有哪些？

6. 案例分析：阅读以下材料，结合所学知识对云南省建设投资控股集团有限公司的经营战略进行分析。

2018年8月23日，老挝通信技术有限公司签约入驻老挝万象赛色塔综合开发区。至此，万象赛色塔综合开发区的进驻企业达到48家。

万象赛色塔综合开发区由云南省建设投资控股集团有限公司（以下简称"云南建投集团"）和老挝万象市政府共同投资建设，占地11.5平方千米，是中老两国重要的国际产能合作平台。它的总体功能定位为"一城四区"，即万象产业生态新城、国际产能合作承载区、中老合作开发的示范区、万象新城的核心区、和谐人居环境的宜居区。它将带动万象"更新"，也将加快老挝工业化进程，提升中老两国经贸合作水平。

万象赛色塔综合开发区首期4平方千米已经完成投资4亿美元。具备道路、水、电、通信、网络、有线电视等基础设施条件，建成40 000平方米标准化厂房，其已全部出租，并建设了4 000平方米客户服务中心，能全面满足入园企业的需要。已入驻的企业来自中国、老挝、泰国、新加坡、马来西亚等多个国家，产业覆盖了农产品加工、建材生产及贸易、工程建设、能源化工、科技创新、物流业和现代服务业。

近年来，云南建投集团全力推进与"一带一路"沿线国家的互联互通和国际产能合作项目。2017年11月，该集团与老挝方面签署万象至万荣段高速公路项目的合作协议。公路全长109.1千米，总投资约89亿元，设计为双向4车道，将成为老挝国内第一条跨省的长距离高速公路。

云南建投集团已设立海外常驻机构20余个，驻外员工及海外员工2 000余人；按照"国际工程承包＋海外投资"双轮驱动的经营战略，先后进入了东南亚、南亚、中东、非洲等地的20余个国家，建设和投资了100多个国际工程项目，海外营业收入累计30多亿美元，计划海外投资总额有 40 多亿美元，在建项目投资总额超 5 亿美元。

各项目大量聘用当地员工，尊重当地风俗文化、法律规则、生活方式，深度融入当地社会，促进了项目所在国基础设施完善、产业发展、城市开发建设及功能提升、民生就业等，受到当地的欢迎和好评。

资料来源：云南建投集团全力推进与"一带一路"沿线国家的互联互通和国际产能合作老挝万象赛色塔综合开发区的进驻企业达到 48 家 [EB/OL]. (2018-09-20) [2021-01-26]. http：//kmtb. mofcom. gov. cn/article/shangwxw/201809/20180902789006. shtml

第九章

国际投资风险管理

(1) 了解国际投资风险的概念和特征。

(2) 掌握国际投资风险的影响因素。

(3) 掌握经营风险的概念和种类。

(4) 了解经营风险的识别和管理方法。

(5) 掌握国家风险的概念和种类。

(6) 了解国家风险的评估和管理方法。

导入案例 9-1

2020 年世界主要经济体外商投资政策变化

2020 年以来，随着新冠肺炎疫情的蔓延，一些国家关于收紧外商投资审查的政策消息频出。有机构认为，在此环境下，重振全球跨境投资比恢复生产更难。

来自国际律师事务所富而德的分析称，疫情发生以来，中国企业对外并购活动和前几年相比大幅下降，中国企业在 2020 年上半年的对外并购交易量同比下降约 71%，交易额下降 88%。究其原因，除了疫情影响，去全球化和保护主义趋势抬头也是主要影响因素。

在欧盟，2020 年 3 月份发布了最新的外商投资审查指南，要求欧盟各国保护一些所谓的医疗行业和关键资产，包括一些核心的基础设施等。德国把现有的外资审查制度扩大到了卫生保健部门，还通过新设的经济稳定基金来保护公司免于破产以及被不必要的收购；法国、西班牙、意大利等也都有一些限制外商投资的新措施。

在美国，CFIUS 继续在《2018 年外国投资风险审查现代化法案》框架下强化对外商投资的审查，有关规定更加细化，并对有关审查收取费用。其中，尤其关注有关医疗行业的交易，还对其他一些关键技术等方面的交易提高了审查力度。

在英国，近年来政府一直对收购带来的国家安全问题表示担忧，对外商投资审查更为严格的《国家安全和投资法案》的实施，也会对外商投资产生较大影响。

总体来说，2020 年中国企业在海外的投资，尤其是在医疗、关键基础设施等一些敏感技术领域的投资，可能会进一步减少。不过，在"一带一路"相关国家，中国企业的投资仍是趋于相对增长的态势。数据也证实了这一点：1—9 月，中国企业对"一带一路"沿线国家非金融类直接投资达 130.2 亿美元，同比增长 29.7%，占同期总额的 16.5%，较上年提升 4.1 个百分点。调研同时发现，在东盟、非洲、亚太、中东的一些国家，特别是"一带一路"相关国家，为了推动经济复苏，2020 年总体上调整放宽了外资政策，加大了对外商投资的开放力度。

我们认为，后疫情时期，中国企业在欧美等发达经济体的投资并购活动，将受到投资审查政策收紧的显著影响，特别是在一些特定领域，不可避免地面临越来越严苛的审查条件，宜在不同投资领域"有所为，有所不为"。而在"一带一路"相关国家，中国企业则可能迎来更宽松、更亲商的投资环境，中国投资或可更多参与到这些国家的疫后经济恢复当中，宜积极关注各国对外商投资政策的调整，以及各国政府确定的重点投资以及吸引外资的产业领域。

资料来源：2020 年世界主要经济体外商投资政策变化与影响分析 [EB/OL]. (2020-12-28) [2021-03-19]. http：//www.mofcom.gov.cn/article/i/jyjl/e/202012/20201203026765.shtml

第一节　国际投资风险概述

一、国际投资风险的概念

国际投资风险是指在特殊环境下和特定时期内，客观存在的导致国际投资经济损失的变化，是一般风险的更具体形态。

二、国际投资风险的特征

国际投资风险的特征表现为以下几点：

（一）客观性

客观性是指无论人们愿意接受与否，国际投资风险都无法消除，而只能通过一定的经济和技术手段进行风险控制。

（二）偶然性

偶然性是指在国际投资中某一具体风险的发生是偶然的，是一种随机现象。投资风险事故是否发生不确定，投资风险何时发生不确定，投资风险的形式和后果也不确定。

（三）相对性

相对性是指对于不同的风险主体而言，时空条件不同，则风险的含义也不同。

（四）可测性和可控性

可测性是指可以根据过去的统计资料来判断某种风险发生的频率与风险造成的经济损失程度。风险的可测性为风险的控制提供了依据，人们可以采取不同的手段对风险进行控制。

（五）风险与收益共生

在国际投资中，风险与收益往往是共存的。一般说来，风险越大，收益也越高。

三、国际投资风险的影响因素

国际投资风险受到多种因素的影响，具体包括外国投资者的目标、投资对象的选择、国际政治经济格局、东道国的投资环境、外国投资者的经营管理水平、投资期限的确定等方面。

（一）外国投资者的目标

科学确定投资目标是进行风险防范的重要前提。投资者的最终目标一般是获得利润最大化，直接目标则包括资源利用型、市场占领型、避免贸易摩擦型、情报获取型等几种类型。

（二）投资对象的选择

对外投资的对象无疑是投资项目。投资项目是一个小系统，既要内部各要素之间互相协作，产生最优组合，又要与外界进行物质、信息和能量的交换。

（三）国际政治经济格局

作为跨国经济行为，国际投资无疑要受到国际政治经济格局的影响。良好的国际政治经济格局会促进国际投资的发展，而战争、动荡等恶劣的国际政治经济格局则会阻碍国际投资活动的正常开展，导致国际投资风险的发生。

◢◣\ 导入案例 9-2

吴玺大使接受《新西兰先驱报》专访

2019 年 4 月，吴玺大使接受新西兰最大英文报纸《新西兰先驱报》商业版主编奥沙利文专访，就新总理阿德恩访华、中新关系等回答了提问。

吴玺大使指出，当前，保护主义、单边主义抬头，多边主义和自由贸易体制面临越来越大的挑战。但是，随着全球化的发展和科学技术的进步，各国越来越相互依存。中新两国都致力于加强在气候变化、全球经济治理和区域安全等领域的合作。新西兰是中国在亚太地区的重要伙伴。近年来，中新关系保持良好发展势头。自建交以来，两国关系取得巨大发展，贸易、投资、人文等联系不断加强，各领域合作达到前所未有的广度和深度。中新关系创造了中国同西方发达国家关系的多个"第一"。这充分表明中新全面战略伙伴关系的重大意义和深远影响。中方致力于在相互尊重、相互信任、平等互利的基础上，扩大双边合作，加强与新西兰的全面战略伙伴关系。

吴玺大使认为，过去十年，国际政治经济格局发生了深刻复杂的变化。反全球化、孤立主义和保护主义的上升，都对现有国际秩序和体系构成了挑战。随着国际和地区形势的不断变化，中新两国都面临着相同或相似的新问题和挑战。然而，无论国际国内形势如何变化，追求和平、稳定、合作、繁荣仍是当今世界的主题。

两国领导人的高层沟通将会进一步促进双边经贸关系，包括推动中新自贸协定升级谈判尽早完成。

资料来源：吴玺大使接受《新西兰先驱报》专访 [EB/OL].（2019-4-8）[2021-1-22]. http://www.mofcom.gov.cn/article/i/jyjl/l/201904/20190402850553.shtml

（四）东道国的投资环境

外国投资者的投资活动是在东道国的境内进行的，因而，东道国的投资环境，无疑是国际投资风险的重要影响因素。投资者在进行投资前，一定要通过各种途径和方法对东道国的投资环境进行考察。

导入案例9-3

"一带一路"大数据报告，这5个国家投资环境最好

2018年9月19日发布的《"一带一路"大数据报告2018》公开了国家投资环境指数的测评结果。报告结果显示，超半数"一带一路"国家投资环境处于"较高"水平，新加坡、新西兰、韩国、阿联酋和俄罗斯分列前五位。

在"经济基础"指标上，越南、印度、韩国、以色列和马来西亚的评分最高；在"金融环境"指标上，沙特阿拉伯、卡塔尔、也门、东帝汶和马尔代夫排名前五位；在"营商环境"方面，除了各项和总体排名第一的新加坡，新西兰和阿联酋也名列前茅，排名前五位的还有以色列和卡塔尔。

资料来源：国家信息中心"一带一路"大数据中心，"一带一路"大数据报告2018［R］.北京：商务印书馆，2018.

（五）外国投资者的经营管理水平

外国投资者的对外投资活动是一种自主的经济活动，其投资目标能否实现，在很大程度上取决于外国投资者自身的经营管理水平。外国投资者的经营管理水平越高，其控制投资风险的能力就会越强，越会有利于投资目标的实现。

导入案例9-4

华为调整组织架构

2018年6月27日，任正非与平台协调委员会的委员进行了座谈，大致明确了"管控型转向服务与支持型"的运作基调，以及"需求驱动、协调请求"的经纬线管理思路。各部门管控要以一线的需求为驱动，让机关在3~5年内，从管控型转向服务与支持型，与一线更加密切合作作战。

任正非称，当部门与集体利益发生冲突时，协调委员必须放下自身部门的立场，站在公司集体利益上做出合适的选择。"委员不是代表部门来争'瓜'的，谁是准备来分'瓜'的，就可以从委员会中除名。大家都是来做'饼'的，目的是把'饼'做大，把'土地'做肥。"

任正非强调加强COE主官的专业建设，"专业工作只有结合服务对象的业务开展，才能真正创造专业价值。"这要求COE主官既要精通自己的专业领域，也要懂所服务对象的业务。那些不懂业务，纯粹为做官而做官的主官，应该直接被边缘化。

资料来源：华为调整组织架构，任正非称不懂业务的主官应该直接边缘化［EB/OL］.(2018-10-24)［2021-01-21］. https://m.sohu.com/a/271070488_115479/.

（六）投资期限的确定

投资期限也是国际投资风险的重要影响因素。一般来讲，投资期限越长，其所面临的风险越大。

▰▰▰ **导入案例 9-5** ----

宝马 42 亿美元收购华晨宝马 25％股权，股比升至 75％

2018 年 10 月 11 日，德国豪华车制造商宝马汽车（BMW）表示，其将支付 36 亿欧元（42 亿美元），将其对华晨宝马汽车的持股比例由 50％增至 75％。这项交易将于 2022 年完成，届时中国将解除外企的所有权上限规定。

2018 年 4 月 18 日，发改委就曾表示，通过 5 年过渡期，汽车行业将全部取消限制。比如，2018 年取消专用车、新能源汽车外资股比限制；2020 年取消商用车外资股比限制；2022 年取消乘用车外资股比限制，同时取消合资企业不超过两家的限制。此次宝马收购华晨宝马股份的交易在 2020 年完成，正好赶上了政策限制取消的时间点。

此外，宝马集团还将增资 30 亿欧元用于未来几年沈阳生产基地的改扩建项目。位于铁西的新厂区建成后将使铁西工厂现有产能翻倍；而大东厂区的改扩建项目也在进行中，尽管产能将保持不变，但生产体系将更加柔性化，可以根据未来宝马车型和市场需求而逐渐拓展。因此，未来三到五年内，华晨宝马的年产能将逐渐增加到每年 65 万台，并将创造 5 000 个新的工作机会。

在中美贸易战导致进口成本升高之际，此举应能提升车企在中国市场的获利，推动车企将更多车辆的制造转移至中国。

此外，宝马汽车还表示，合资企业的期限将从 2028 年延长至 2040 年。

资料来源：宝马 42 亿美元收购华晨宝马 25％股权　股比升至 75％［EB/OL］.（2018-10-11）［2021-03-20］. https：//www.sohu.com/a/258911718_ 99958672

第二节　国际投资经营风险管理

一、经营风险的概念

经营风险（Operating Risk），是指企业在进行跨国投资的整个过程中，由于市场条件变化或生产、管理、决策的原因而导致企业经济受损的可能性。

二、经营风险的种类

经营风险主要包括价格风险、营销风险、财务风险、人事风险和技术风险。

（一）价格风险

价格风险是指由于国际市场上行情变动引起价格波动，而使跨国公司蒙受损失的可能性。

（二）营销风险

营销风险是指由于产品销售发生困难而给企业带来的风险。营销风险产生的原因有多方面，如广告宣传不到位、产品价格不合理、市场预测失误等。

（三）财务风险

财务风险是指整个企业经营遇到入不敷出、现金周转不灵、债台高筑而不能按期偿还的风险。

◢◤\ 导入案例 9-6 ....

华为宣布在伦敦建立全球财务风控中心

2013 年 11 月 21 日，华为公司宣布在英国伦敦成立全球财务风险控制中心（FRCC），该中心负责监管华为全球财务运营风险，确保财经业务规范、高效、低风险运行。

华为首席财务官孟晚舟女士于当地时间 11 月 20 日在伦敦表示，财务风险控制中心负责管理核心财经业务的风险，包括会计处理、流动性管理、外汇风险管理、信用管理、全球财务遵从等，它将成为华为财务风险的评估和控制中心。

对于为何选择伦敦，孟晚舟说，伦敦是具有极高战略地位的全球金融中心。伦敦在金融领域的经验积累和人才积累，完全可以满足财经卓越运营的需求。同时，伦敦兼具语言和时区优势，是华为建立财务风控中心的理想地点。

资料来源：华为在英国伦敦设立全球财务风险控制中心——在全球化拓展中确保财经业务持续按国际最高标准运行 [EB/OL]. (2013-11-21) [2021-01-21].

（四）人事风险

人事风险是指企业在员工招聘、经理任命过程中存在的风险。人事风险产生的原因有任人唯亲、提拔不当、环境变化等。

（五）技术风险

技术风险是指开发新技术的高昂费用、新技术与企业原有技术的相容性及新技术的实用性可能给企业带来的风险。

三、经营风险的识别

只有准确地识别风险，才能对风险进行有效管理。经营风险的识别方法主要有三种，分别是德尔菲法、头脑风暴法和幕景分析法。

（一）德尔菲法

德尔菲法（Delphi Method）又称专家会议预测法，是一种主观预测方法。它以书面形式背对背地分轮征求和汇总专家意见，通过中间人或协调员把预测过程中专家们各自提出的意见集中起来加以归纳之后，再反馈给他们，并再次征求意见，又再集中，再反馈，直至得到一致的意见。

1. 德尔菲法的具体做法

首先，在专家访谈方法的基础上形成关于未来信息的一般性调查表。其次，让专家对调查表中的各个项目做出重要性程度的判断和预测。最后，组织者对收回的调查表作统一分析，并把包括上一轮统计分析结果说明的调查表再返回给专家，征求预测意见。继续调查下去，直到专家意见趋于一致，得出前后较一致的预测结论。

德尔菲法法强调集中众人智慧，使预测更为准确。这种方法将所有回答问题的结果按照一定的规则排序，并对排序作"四分"处理，即将其分成四个区间。相应的划分点称为"下四分点""中位点""上四分点"。当将上一次的统计结果反馈给参加者时，他们会对自己的答案进行调整，得出新一轮的调查结果。反复为之，则专家意见最后出现一定的收敛，即意见逐渐趋于一致。

2. 德尔菲法的主要特点

第一，匿名性。匿名性是德尔菲法极其重要的特点。采用德尔菲法时，所有专家组成员不直接见面，只是通过函件进行交流。从事预测的专家彼此互不知道其他参加预测的人，他们是在完全匿名的情况下交流思想的，这样就可以消除权威的影响。后来，改进的德尔菲法允许专家开会进行专题讨论。

第二，反馈性。德尔菲法需要经过 3～4 轮的信息反馈，在每次反馈中调查组和专家组都可以进行深入研究，使最终结果能够反映专家的基本想法和对信息的认识，所以其结果也较为客观、可信。

第三，统计性。德尔菲法报告 1 个中位数和 2 个四分点，其中一半落在 2 个四分点之内，一半落在 2 个四分点之外。这样，每种观点都包括在了这样的统计中，避免了只反映多数人观点的缺点。

3. 德尔菲法的优缺点

德尔菲法的优点主要体现在：这种方法能充分发挥各位专家的作用，集思广益，准确性高；能把各位专家意见的分歧点表达出来，取各家之长，避各家之短。

德尔菲法的缺点主要体现在：这种方法有时会因问卷回收时间的延迟而导致研究时间不易预估；虽然在叙述问题时，文字力求明确，但仍不免有歧义发生，或有可作不同解释之处；参与成员对问卷不明确的提示易产生误解。

（二）头脑风暴法

头脑风暴法（Braining Storm）出自"头脑风暴"一词。所谓头脑风暴，最早是精神病理学上的用语，是针对精神病患者的精神错乱状态而言的，如今转而为无限制的自由联想和讨论，其目的在于产生新观念或激发创新设想。头脑风暴法也称集体思考法，是以专家的创造性思维来索取未来信息的一种直观预测和识别方法。此方法由美国人奥斯本于 1939 年首创，首先用于设计广告，随后逐渐推广运用到其他领域。

1. 头脑风暴法的组织形式

采用头脑风暴法时，小组人数一般为 10～15 人（课堂教学也可以班为单位），最好由不同专业或不同岗位者组成；时间一般为 20～60 分钟；设主持人一名，主持人只主持会议，对设想不作评论；设记录员 1～2 人，要求认真将与会者的设想准确完整地记录下来。

2. 头脑风暴法的四大规则

第一，自由思考，即要求与会者尽可能解放思想，无拘无束地思考问题并畅所欲言，不必顾虑自己的想法是否"离经叛道"或"荒唐可笑";同时要求参加者不得私下交流,以免打断别人的思维活动。

第二,延迟评判,即要求与会者在会上不要对他人的设想评头论足,不要发表"这主意好极了!""这种想法太离谱了!"之类的感叹;对设想的评判应留在会后组织专人考虑。

第三,以量求质,即鼓励与会者尽可能多而广地提出设想,以大量的设想来保证质量较高的设想的存在,设想多多益善。

第四,组合改善:即鼓励与会者积极进行智力互补,在增加自己提出设想的同时,注意思考如何把两个或更多的设想结合成另一个更完善的设想。

3. 头脑风暴法的优缺点

头脑风暴法的优点主要体现在:专家团体所拥有及提供的知识和信息量,比单个专家所拥有的知识和信息量要大得多;它使专家交流信息、相互启发,产生思维共振作用,爆发出更多创造性思维的火花;它能够发挥一组专家的共同智慧,产生专家智能互补效应。

头脑风暴法的缺点主要体现在:主题的挑选难度大,不是所有的主题都适合讨论;受心理因素影响较大;易屈服于权威或大多数人的意见,而忽略少数派的意见。

▰▰\ 导入案例 9-7 ----

头脑风暴法的应用案例

美国的西部供电公司,每年都会因为大雪压断供电线路而带来巨大的经济损失,一次,公司召开大会讨论该问题的解决方案,大家一致认为每年给供电线路扫雪,耗费大量的人力,而且是根本无济于事,问题的症结就在这儿,大家都为此焦头烂额。于是大家决定开始头脑风暴,按照头脑风暴的原则,以量求质、延迟评判、组合运用。在热烈的风暴过程中,轮到一组中的一个员工提出方案时,因为实在想不出什么了,就半开玩笑地说:"我没什么办法了,若能叫上帝拿个扫把打扫该多好啊!"这时,同组另一个员工顿时醒悟:"就给上帝一个扫把!"大家还没明白过来,他接着解释道:"让直升机沿线路飞行,直升机产生的巨大风力可以吹散线路上的积雪!"公司领导立即拍板,并给执行扫雪任务的飞机取名"上帝"号,真正成了让"上帝"来扫雪。从此,西部供电公司解决了一个大难题,每年仅此一项就节约了几百万美元的开支,并节省了大量的人力,创造了良好的社会效益。

资料来源:10万人被惊醒,这才是真正的"头脑风暴"[EB/OL].(2020-04-27)[2021-1-26]. https://baijiahao.baidu.com/s?id=1663289837803596208&wfr=spider&for=pc

(三)幕景分析法

幕景分析法(Scenarios Analysis)是一种能识别关键因素及其影响的方法。一个幕景就是一项国际投资活动未来某种状态的描绘或者按年代进行的描绘。幕景分析法研究的重点是:当引发风险的条件和因素发生变化时,会产生什么样的风险,导致什么样的后果等。幕景分析法既注意描述未来的状态,又注重描述未来某种情况发展变化的过程。

1. 幕景分析法的阶段

幕景分析法可分为原始幕景、当前幕景和将来幕景三个阶段。其中,将来幕景又可分为无拟议行动和有拟议行动两种情形。具体如图9-1所示。

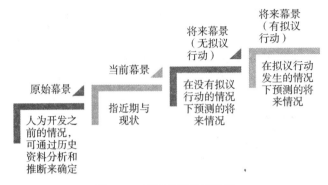

图 9-1 幕景分析法的阶段

2. 幕景分析法的优缺点

幕景分析法的优点主要体现在：幕景分析可以开阔决策者的视野，增强分析未来的能力。在具体应用中，还用到筛选、监测和诊断过程。其中，筛选适用于对具有潜在危险的产品、过程和现象进行分类选择的风险辨识过程；诊断是对症状或后果与可能原因的关系进行评价和判断，以找出可能的起因并进行仔细检查，并且做出今后避免风险带来损失的方案。

幕景分析法的缺点主要体现在：所有幕景分析都是围绕分析状况和信息水平来考虑的，可能与实际进程存在一定的偏差。所以，幕景分析法最好与其他分析方法一同使用。

四、经营风险的管理

经营风险的管理涉及风险规避、风险抑制、风险自留和风险转移四个方面的内容。

(一) 风险规避

风险规避（Risk Avoidance）是指事先预料风险产生的可能性程度，判断导致其产生的条件和因素，并在国际投资活动中尽可能地避免或改变投资流向的管理措施。

风险规避的手段主要有以下几种：

1. 改变生产经营地点

通过改变生产经营的地点，在一定程度上规避投资的风险。例如，为避免水灾的风险，可以选择将企业转移到高于以往洪水水位记录的地方。

2. 改变生产流程或产品

当出现了某些情况导致投资风险发生时，可以通过改变生产流程或产品来规避。例如，某跨国化工企业如果发生剧毒气体泄出事故，投资者可以停止使用这种气体来避免毒气泄漏事故的发生。

3. 放弃对风险较大国家的投资和贷款计划

例如，当国际债务危机爆发时，可以放弃对严重债务国的投资，在最大限度上规避风险。

(二) 风险抑制

风险抑制（Risk Suppression）是指采取各种手段减少风险发生的概率以及经济损失程度的管理措施。

在国际投资中，抑制风险的手段主要有以下几种：

（1）加强对本国派出的技术人员、经理和劳动者驻地以及工作场所的警戒，防止当地宗教冲突和内乱的骚扰。

（2）拍卖撤回企业的资产，减少风险损失。

（3）当东道国发生战争或骚乱时，为避免人员伤亡，投资国迅速将其本国人员撤回大使馆或本国等。

（三）风险自留

风险自留（Risk Retention）是指投资者对某些无法避免和转移的风险采取现实的态度，在不影响投资根本利益的前提下自行承担下来的管理措施。风险自留是一种积极的风险控制手段，使投资者事先为承担风险做好种种准备。

风险自留的高级形式是专业自保公司。专业自保公司是企业（母公司）自己设立的保险公司，旨在对本企业、附属企业以及其他企业的风险进行保险或再保险安排。建立专业自保公司主要出于可以降低保险成本、承保弹性大、可使用再保险来分散风险等原因。

（四）风险转移

风险转移（Risk Transfer）是指风险的承担者通过若干经济和技术手段将风险转移给他人承担的一种管理措施。

风险转移的方式主要有两种，一类是保险转移，指的是投资者向保险公司投保，以缴纳保险费为代价，将风险转移给保险公司承担；另一类是非保险转移，是指不是向保险公司投保，而是利用其他途径将风险转移给别人。

第三节　国际投资国家风险管理

一、国家风险的概念

国家风险又称政治风险，是指由于东道国在政权、政策、法律等政治环境方面的异常变化而给国际投资活动造成经济损失的可能性。

政治风险与政治不稳定虽有联系，但又是不同的现象。应注意的是，不影响企业运行条件的政治波动，并不是企业对外直接投资的政治风险。

二、国家风险的分类

（一）主权风险

主权风险是指东道国在从本国利益出发，采取不受任何外来法律约束而独立自主地处理国内或对外事务时，给外国投资者造成经济损失的可能性。

（二）没收、征用和国有化风险

这是指东道国政府对外资企业实行没收、征用或国有化的风险。没收是东道国政府在没有任何补偿的条件下强制剥夺国内跨国公司财产的行为；征用是东道国政府对国内外商投资企业实行接管，并按其市场价值给予必要的补偿；国有化是逐渐地征用，是指一个主权国家将原属于外国直接投资者所有财产的全部或部分采取征用或类似的措施，使其转移到本国政府手中的强制性行为。

（三）战争风险

战争风险是指东道国国内由于领导层变动或社会各阶层的利益冲突、民族纠纷、宗教矛盾等引起局势动荡，甚至发生骚乱和内战，或者东道国与别国在政治、经济、宗教、民族等问题上的矛盾激化，从而发生局部战争，给外国投资者造成经济损失。

（四）汇兑限制风险

汇兑限制风险也称转移风险，是由于东道国国际收支困难而实行外汇管制，禁止或限制外商、外国投资者将本金、利润和其他合法收入转移到东道国境外。

（五）政府违约风险

政府违约风险指东道国政府非法解除与投资项目相关的协议，或者非法违反或不履行与投资者签订的合同项下的义务。

（六）延迟支付风险

延迟支付风险是由于东道国政府停止支付或延期支付，外商无法按时、足额收回到期债券本息和投资利润带来的风险。

在这六种风险中，汇兑限制风险、政府违约风险、延迟支付风险可归纳为政策风险，即由于东道国制定或变更政策而给外国投资者造成经济损失的可能性。

三、国家风险评估

国家风险评估的方法有很多种，在此只对国际投资风险指数评估法和国别评估报告这两种方法进行介绍。

（一）国际投资风险指数评估法

1. 富兰德指数（FL）

20 世纪 60 年代末期，美国商业环境风险情报研究所的 F·T·汉厄教授设计了一种反映国家风险大小的评价指数——国家风险猜测指数，亦称富兰德指数。富兰德指数以 0～100 表示，指数越高，表明该国风险越低，信誉地位越巩固。一级表示风险最小，二级、三级则风险大一些，以此类推。

2. 国家风险国际指南综合指数

国家风险国际指南综合指数是由设在美国纽约的国际报告集团编制，每月发表一次。针对具体国家而言，分为政治因素（PF）、金融因素（FF）和经济因素（EF）。其中，政治因素占 50%，金融因素和经济因素各占 25%。该指标的模式为：

$$CPFER = 0.5 \times (PF + FF + EF)$$

式中，$CPFER$ 代表政治、金融及经济综合指效，以 0～100 分表示，分数越高表示风险越低；PF 代表全部政治指数，包括经济与其实际情况对比、经济计划的失败、政治领导权等 13 个指标；FF 代表全部金融指标，包括停贷款违约或不利的贷款重组、卖方信贷的延期支付等 5 个指标；EF 代表全部经济指标，包括通货膨胀、债务本息占出口比例、国际流动比率等 6 个指标。

国家风险国际指南综合指数是针对每一个具体国家而言的，它考察各个国家不同时期的综合风险指数及其变化情况，便于国际投资者掌握国家政治风险的状态和变化趋势，通过比较不同国家的政治风险来决定投资的方向。

3. 《欧洲货币》国家风险等级表

《欧洲货币》国家风险等级表侧重反映一国在国际金融市场上的形象与地位。分别从进入国际金融市场的能力（权重 20%，包括在外国债券市场、国际债券市场、浮动债券市场、国际贷款市场及票据市场上筹借资本的能力），进行贸易融资的能力（10%），偿付债券和贷款本息的记录（15%），债务重新安排的顺利程度（5%），政治风险状态（20%）和二级市场上交易能力及转让条件（30%）等方面对国家风险进行考察。

（二）国别评估报告

国别评估报告，是投资者对特定对象国的政治、社会、经济状况进行综合性评估的文件。它往往用于大型海外建设项目的投资或贷款之前，其性质与可行性研究报告相仿，但侧重于防止国家政治风险的发生。

例如，全球著名的美国摩根保证信托公司的国别评估报告主要评估对象国的政治、经济、对外金融、政局稳定性这四个方面。

四、国家风险管理方法

在对国家风险进行管理的过程中，要从事前控制和事后控制两方面着手，既要注重对投资前的国家风险进行管理，又要注重对投资后的国家风险进行防范。

（一）投资前的国家风险管理

在投资活动开始之前，对外投资者可以通过对特定东道国的国家风险进行实证分析、办理海外投资保险、与东道国政府谈判等方式对国家风险进行控制。

1. 对特定东道国的国家风险进行实证分析

在投资前，通过对东道国的国家风险进行实证分析，投资者可以充分了解和把握东道国的政治状况等基本情况，并在此基础上做出是否进行投资、投资期限多长等决定。

2. 办理海外投资保险

海外投资保险是一种政府提供的保证保险。其实质是一种对海外投资者的"国家保证"，它不仅由国家特设机构或委托特设机构执行，由国家充当经济后盾，而且针对的是源于国家权力的国家危险，这种危险通常是商业保险不给予承保的。

办理海外保险的一般做法是：投资者向保险机构提出保险申请；保险机构经调查认可后接受申请并与之签订保险单；在风险发生并给投资者造成经济损失后，保险机构按合同支付保险赔偿金。

3. 与东道国政府谈判

为减少国家风险发生的可能性，投资者在投资活动开始前可以设法与东道国政府进行谈判，并达成特许协议，以获得东道国政府的某种法律保障。如在协议里可以明确双方发生争议时解决问题的方式、公司缴纳所得税和财产税参照的法律等内容。

（二）投资后的国家风险防范

在投资活动开始之后，对外投资者也可以通过制定灵活的生产和市场战略、在融资及股权方面采取灵活措施，以及公关、第三方合作等措施对国家风险进行防范。

1. 制定灵活的生产和市场战略

投资者通过制定灵活的生产和市场战略，可以使东道国在实施征用或国有化等政策后，无法维持原公司运转，从而避免被征用的国家风险。

在生产战略方面，可以采取严格控制原材料及零部件的供应、控制专利及技术诀窍等方式；在市场战略方面，可以通过严格控制产品在非东道国市场的销售，使东道国接管该企业后，失去产品进入广阔的世界市场的渠道，以减少被征用的风险。

2. 在融资及股权方面采取灵活措施

如通过在东道国国内寻求股票和债务融资渠道等融资及股权方面的灵活措施，既可以使东道国的相关部门受益，又使东道国政府不情愿做出对公司不利的行为，因为东道国对外国公司的干预将会使东道国政府或其金融机构遭受经济上的损失。

3. 公关、第三方合作等措施

公关既包括政府公关也包括媒体公关。政府公关的目的是尽可能地获得东道国政府的理解和支持，根据政府扮演角色的不同可表现为简化批准手续、获得准入资格、赢得政府采购、影响法规制定，等等；媒体公关除了在营销方面发挥巨大的作用外，在防范政治风险上也可以起到不小的作用，它可以影响政治和左右民意，通过获得民意的广泛认同而减小政治风险。

第三方合作是选择东道国以外的合作伙伴建立合资企业进行风险转移。由于涉及来自多个不同国家的合作伙伴，东道国政府可能不愿因为干涉某个具体企业而去冒犯多国政府。

◢◥\ 导入案例 9-8

中国开展第三方市场合作的意义及前景

在全球化浪潮推动下，世界绝大多数国家涌入全球市场，在全球产业链的相互联动、同频共振中，共同塑造全球大市场。竞争是市场经济不断向前发展的源泉与动力，良性竞争促进优胜劣汰，有利于涵养高质量市场。此外，市场还有合作的一面，不同国家在海外投资和国际贸易中拥有差异性优势，但鲜有国家在整个产业链条中保持全方位优势，这为开展第三方市场合作提供了广阔空间。

中国开展第三方市场合作是指中国企业（含金融企业）与有关国家企业共同在第三方市场开展经济合作，主要是中国与发达国家合作开发发展中国家市场，将中国的优势产能、发达国家的先进技术和广大发展中国家的发展需求有效对接，协同发挥个体差异化优势，实现互利多赢，产生 1+1+1>3 的效果。第三方市场合作对推动经济全球化、构建开放型世界经济具有重要意义，还为高质量共建"一带一路"提供了新的路径模式。

在逆全球化思潮泛起、保护主义和单边主义不断抬头的当下，中国坚持对外开放，秉持共商共建共享原则，与国际社会一道涵养国际大市场，共享市场繁荣成果。在此背景下，中国积极探索国际合作新模式，优化对外合作方式方法，汇聚整合优质资源，寻求最佳成果。第三方市场合作坚持企业主体、政府引导，将不同国家的差异化优势加以联通，在尊重市场规律的前提下，突出务实合作。中国与有关国家开展第三方市场合作，已取得了一系列成果。

截至 2019 年 6 月，中国已与法国、意大利等 14 个国家建立了第三方市场合作机制，通过举办论坛等形式共同为企业搭建合作平台、提供公共服务。2015 年 6 月，中法两国共同发表《中法关于第三方市场合作的联合声明》，首提第三方市场合作概念。之后，中国与其他国家陆续发布关于第三方市场合作的声明或签署谅解备忘录。2016 年 9 月，中加两国签署《中国政府和加拿大政府关于开展第三方市场合作的联合声明》。2018 年中国分别与新加坡、日本、比利时、荷兰、意大利、西班牙等国签署关于开展第三方市场合作的谅解备忘录。同年 9 月，中法两国外长在共同会见记者时表示，将加快落实两国元首确定的各领域合作规划，重点围绕"一带一路"倡议探讨共同开拓第三方市场的新型合作形式。2019 年，中国又分别与瑞士、新加坡签署第三方市场合作备忘录。中国参与第三方市场合作的实践主要是与发达国家在第三国开展，这已成为中国与发达国家合作的新亮点。

第三方市场合作之所以成为中国对外合作文件中的高频词，在于它符合国际合作趋势，顺应世界谋发展、促合作、图共赢的主流大势。从实践角度看，第三方市场合作有以下特点：一是企业主导、政府推动。参与国通过采取"政府搭台、企业唱戏"的模式，推动公共部门与私营部门进行多形式、多层次合作。二是平等协商、资源共享。第三方市场合作的核心理念是不同国家差异化优势相互对接，注重合作联动，尊重第三国国情、发展需要和经济发展战略目标，将其视为平等合作伙伴。三是开放包容、互利共赢。开放性是倡导同其他国家合作，将国际市场蛋糕越做越大，实现多赢共赢；包容性是第三方市场合作的鲜明特点，任何国家在任何项目上都可以开展合作，限制性较少。

第三方市场合作对实现三方共赢、突破全球经济发展困境、完善全球经济治理具有重要意义。作为新生事物，第三方市场合作还存在理论支撑不足、实践经验缺乏等问题，但其顺应了全球化发展大势，抓准了各国谋发展的共同诉求，前景值得期待。展望未来，中国开展第三方市场合作，应在坚持共商共建共享原则的基础上，用好已有机制，扩大合作范围，引导企业通过联合投标、共同投资等多种方式开拓新市场，实现优势互补。对于参与第三方市场合作的中国企业，既要依靠政府支持，也要发挥主观能动性，主动通过市场调研、国际咨询等方式，提高参与第三方市场合作的效率，为新时代中国开展国际合作开辟新天地。

资料来源：中国开展第三方市场合作的意义、实践及前景［EB/OL］.（2019-11-25）［2021-01-28］. http：//world. people. com. cn/n1/2019/1125/c1002-31473705. html

本章小结

本章第一节主要介绍了国际投资风险的概念、特征以及国际投资风险的影响因素。国际投资风险是指在特殊环境下和特定时期内，客观存在的导致国际投资经济损失的变化，是一般风险的更具体形态。国际投资风险具有客观性、偶然性、相对性、可测性和可控性、风险与收益共生的特征。国际投资风险的影响因素包括外国投资者的目标、投资对象的选择、国际政治经济格局、东道国的投资环境、外国投资者的经营管理水平、投资期限的确定等方面。第二节主要介绍了国际投资经营风险的概念、种类以及经营风险的识别和管理方法。经营风险包括价格风险、营销风险、财务风险、人事风险和技术风险。经营风险的管理策略分为风险规避、风险抑制、风险自留和风险转移。第三节介绍了国家风险的概念、分类以及国家风险的评估和管理方法。国家风险包括主权风险，没收、征收和国有化风险，战争风险，汇兑限制风险，政府违约风险和延迟支付风险。国家风险的管理分为投资前的管理和投资后的管理两种。

本章思考题

1. 名词解释。

国际投资风险　经营风险　人事风险　国家风险　主权风险　战争风险

2. 国际投资风险的影响因素有哪些？

3. 国际投资经营风险的识别方法有哪些？

4. 分别论述经营风险和国家风险的管理方法。

5. 结合当前跨国公司的发展现状，讨论跨国公司如何规避国际业务中的各种投资风险。

6. 案例分析：阅读以下材料，从经济、贸易、投资等多个角度分析约旦的相关风险。

（1）宏观经济萎缩。约旦油气和水资源短缺，经济受难民的影响严重，对国际援助的依赖日益增加，但政府仍坚定推行私有化、税制改革、银行业开放等金融改革。2019年，约旦服务业增长略微抵消了工业增长放缓的影响，GDP增速由2018年的1.9%微升至2%。根据国际货币基金组织（IMF）2020年10月的预测，2020年约旦GDP将萎缩5%，但可能在2021年增长3.4%。

（2）财政压力较大。由于新冠疫情暴发，约旦的经常账户赤字占GDP比例预计将从2019年的2.8%增至2021年的5.3%。大量的融资需求和2020年到期的欧元债券导致债务脆弱。因通货紧缩和需求低迷，通货膨胀率降至2019年的0.3%。

民众抗议活动多发和区域局势动荡将迫使约旦维持大量国防支出（2018年占GDP的30%）。虽然赠款和侨汇（2018年占GDP的8%）金额减少，但新《所得税法》和加强征管将有助于减少赤字。约旦是石油净进口国，油价下降有助于改善经常账户赤字。

根据2016年与IMF的协议，改革将使约旦的政府预算赤字占GDP的比例从2018年的3.6%降至2021年的2.4%，2021年公共债务占GDP的比例将降至92.4%，2020年约旦续签了13亿美元的IMF基金安排，2018年年底通过了新所得税法，从2019年到2024年逐步提高公司税率。

（3）贸易投资受到挑战。约旦对国际贸易非常开放，比较依赖外国资本，但自2014年之后国际贸易在GDP中的相对份额已大大减少。约旦的主要出口行业为纺织业、化学和采矿业（化肥、医药、钾肥和磷酸盐），主要进口汽车和石化产品（天然气、原油和石油产品）。

约旦主要出口目的地是美国（22.8%）、沙特、伊拉克、印度和阿联酋，主要进口来源国是沙特（16.6%）、中国、美国、德国和阿联酋。约旦是世界贸易组织成员，与美国签署了自由贸易协定（FTA），与欧盟签署了简化原产地规则协议。2018年年底，约旦取消了与土耳其的自贸协定，但在2019年年底被另一项自贸协定取代。

全球融资条件和区域不稳定继续挑战经济增长，限制外国投资的范围。根据联合国贸易和发展会议（UNCTAD）关于2020年世界投资的报告，约旦2019年外国直接投资流入总额为9.16亿美元，与2018年（9.55亿美元）相比有所减少。政府计划的大型基础设施项目（水、交通、核能）都面临推迟或取消。约旦正在寻求成为区域性物流中心，尤其是在发电和输电网络领域。其投资主要集中在房地产、金融服务和大型旅游项目。2020年《世界营商环境报告》中，约旦在190个国家/地区中排名第75位，比去年上升29位。应进一步发展自由贸易区，建立公私伙伴关系，消除官僚主义、腐败和投资障碍。

（4）民众不满影响选举。由于限制性财政政策导致的高失业率和严重的不平等，预计会出现针对政府的抗议浪潮，但阿卜杜拉二世国王得到了军队和保守派的支持，预计众议院选举中他们将继续主导议会。亲西方和亲海湾立场将仍然是外交政策的基石。

资料来源：根据商务部相关资料整理

第十章

国际投资与中国

（1）了解我国吸引外商直接投资及对外直接投资的发展历程。

（2）理解我国利用外商直接投资的作用表现。

（3）掌握我国对外直接投资的特点。

（4）理解我国对外投资战略调整及"一带一路"提议。

导入案例 10-1

中国扩大对外开放、推动互利共赢

2019 年 6 月，国家发展改革委、商务部分别发布了《外商投资准入特别管理措施（负面清单）（2019 年版）》《自由贸易试验区外商投资准入特别管理措施（负面清单）（2019 年版）》《鼓励外商投资产业目录（2019 年版）》，自 2019 年 7 月 30 日起施行。

本次修订在服务业、制造业、采矿业、农业推出了新的开放措施，在更多领域允许外资控股或独资经营，在自贸试验区继续进行开放试点，将构建更加开放、便利、公平的投资环境，推进更大范围的全球产业链合作。本次修订进一步精简了负面清单，全国外资准入负面清单条目由 48 条措施减至 40 条，自贸试验区外资准入负面清单条目由 45 条减至 37 条。

此次发布的最新政策文件，在服务业、制造业、农业等多领域进一步放松管制、鼓励外商投资，这些实质性举措不仅反映了中国经济实现高质量发展的内在需要，更体现出中国主动扩大对外开放、推动互利共赢及经济全球化的决心和诚意。

资料来源：最新版负面清单发布　中国利用外资再出大动作［EB/OL］.（2019-07-01）［2021-01-25］. https：//www.sohu.com/a/324044008_ 123753

第一节 中国吸引外商直接投资

中国是世界上利用外资较多的发展中国家。加入 WTO（世界贸易组织）以来，中国吸引外商直接投资持续增长。

一、外商直接投资在中国的发展历程

中华人民共和国成立初期，受历史条件、意识形态和国际国内政治经济形势的影响，中国利用外商直接投资虽有一定的发展，但规模和数量非常有限。1950 年和 1951 年，中国与苏联、波兰共同创办了 5 家合营企业，是中华人民共和国成立以后建立的第一批中外合资经营企业。

1978 年，中国共产党召开十一届三中全会，中国实行改革开放的方针政策，提出要在自力更生的基础上，积极发展同世界各国平等互利的经济合作，从此，中国利用外商直接投资进入了一个新的发展时期，具体看大致经历了五个发展阶段：

（一）起步阶段（1979—1986 年）

改革开放初期，吸引外资刚刚起步，缺乏经验，投资环境较差，外商在中国的直接投资数量不多，规模较小。1983 年 5 月，国务院召开了第一次全国利用外资工作会议，总结了对外开放以来利用外资工作的初步经验，进一步放宽了吸引外商直接投资的政策。通过实行利用外资优惠政策，扩大地方利用外资审批权限，完善立法，改善投资环境等措施，中国使用外商直接投资有了一定发展。截至 1986 年年底，我国共批准成立 8 295 家外商投资企业，平均每年 1 037 家，协议外资额为 194.13 亿美元，平均每年 24.27 亿美元，实际利用外资为 83.04 亿美元，平均每年 10.38 亿美元。这一阶段，中国的外商直接投资主要来源于港澳地区，以劳动密集型的加工、宾馆和服务设施等第三产业项目居多，且大部分集中在广东、福建及其他沿海省会。

（二）持续发展阶段（1987—1991 年）

我国积极改善投资环境，加大有关外商投资立法的力度，解决外商投资企业遇到的一些困难，增强外商对华投资的信心。如 1986 年 10 月，国务院颁布了《关于鼓励外商投资的规定》，该规定对先进技术企业和产品出口企业的外商直接投资税收等方面给予更多的优惠。1987—1991 年，我国共批准外商投资企业 34 208 家，平均每年 6 841 家；协议外资额为 331.79 亿美元，平均每年 73.67 亿美元；实际利用外资额为 167.53 亿美元，平均每年 33.51 亿美元。这一阶段，中国吸收外商直接投资的结构有了很大改善，生产性项目及产品出口企业大幅增加，旅游服务等项目比重降低较多，外商投资的区域和行业有所扩大，中国台湾厂商开始对大陆投资并逐年增加。

（三）快速发展阶段（1992—1995 年）

十四大确定了我国社会主义市场经济体制改革的目标，中国对外开放的步伐又一次加快。对外开放的领域由沿海到内地、由南向北延伸，从而使外商直接投资在这个阶段实现飞跃式增长。1992—1995 年，我国共批准外商投资企业 216 761 家，平均每年 54 190 家；协议外资金额为 3 435.22 亿美元，平均每年 858.81 亿美元；实际利用外资金额为 1 098.1 亿美元，平均每年 274.53 亿美元。1993 年，中国吸收外商直接投资的实际金额跃居发展中国家中的第一位，在世界各国中仅次于美国，居第二位。这个阶段中国利用外商直接投资的特点，是除了利用外资的总金额大幅度增长外，还呈现出项目平均规模扩大、房地产业发展迅速、新的投资领域增加及中西部地区利用外资步伐加快等特点。

（四）调整与提高阶段（1996—2000 年）

持续完善国内投资环境，针对前期利用外商直接投资实践中出现的种种问题，通过相应的政策来加以规范。同时，根据加入 WTO 的需要，逐步取消对外资的一些限制，对外资实行一定程度的国民待遇。这一阶段呈现如下特点：第一，世界著名跨国公司中的绝大多数进入中国投资。《财富》杂志排名全球 500 强中，有近 300 家企业在华投资。跨国公司到中国不仅带来了资金、技术和管理，也带来了世界水平的竞争。第二，外商投资的平均规模不断扩大。1999 年，外商直接投资的平均规模达到 238.32 万美元，创历史最高纪录。第三，进入高技术、基础设施等行业的外资有较大幅度上升。第四，外商投资领域进一步拓宽，中西部地区利用外资状况有所改善。

（五）高水平稳定增长阶段（2001—2013 年）

2001 年 12 月 11 日，中国正式加入了 WTO，改革和开放进入了新的发展时期，利用外商直接投资也进入一个全新的深化发展阶段，并呈现如下特点。第一，外商直接投资进入领域更广泛。放宽了外商投资的股比限制；首次将原禁止外商投资的电信、燃气、热力、供排水、城市管网等列为对外开放领域；按照入世承诺，进一步开放银行、商业、保险、外贸、旅游、电信、运输、会计、审计、法律等服务贸易领域；将一般工业由鼓励类划为允许类，通过市场竞争促进中国外商直接投资产品产业结构升级；鼓励到西部投资，放宽西部的股比和行业限制。第二，外商直接投资规模更大。2010—2013 年，中国实际使用外商直接投资金额分别为 1 057.35 亿美元、1 160.11 亿美元、1 117.16 亿美元、1 175.86 亿美元，居发展中国家的首位，居全球第二位。

（六）中国利用外资发展的新趋势（2014 年至今）

随着我国经济发展阶段的转换，利用外资的区域结构、产业结构进一步优化，利用外资规模比较稳定，具体呈现以下新趋势。第一，从吸引外资产业方面看，外商投资更倾向于服务业、高新技术产业、技术附加值和资金附加值比较高的企业以及研发中心。2020 年，我国实际使用外资 1 443.7 亿美元，同比增长 6.2%，其中，服务业实际使用外资约 1 121.7 亿美元，占比 77.7%，同比增长 13.9%。高新技术产业吸引外资增长 11.4%，高技术服务业增长 28.5%，其中，研发与设计服务、科技成果转化服务、电子商务服务、信息服务分别增长 78.8%、52.7%、15.1% 和 11.6%。第二，对外资吸引力依然较强，但成本优势逐渐趋于弱化。我国市场潜力巨大、产业配套齐全、基础设施完善、人力资源整体素质较高，这些吸引外资的整体优势近期不会改变。此外，我国将进一步深化包括收入分配、财政金融、行政管理等重要领域各项制度改革，这无疑有助于优化投资环境，增强对外资的吸引力。但国内土地、劳动、资源等要素价格呈刚性上涨趋势，低成本优势正趋于弱化，一些劳动密集型的外资企业已开始由东部地区向中西部地区和海外转移。

《国务院关于促进外资增长若干措施的通知》政策解读（节选）

经国务院常务会议审议通过，李克强总理签批，国务院于 2017 年 8 月 8 日印发《国务院关于促进外资增长若干措施的通知》（国发〔2017〕39 号，以下简称《通知》或"39 号文件"），强调进一步提升我国外商投资环境法治化、国际化、便利化水平，促进外资增长，提高利用外资质量。国务院新闻办公室于 2017 年 8 月 25 日举行政策例行吹风会，回答记者提问，对相关内容进行了政策解读。

（一）党中央、国务院非常重视利用外资工作

利用外资是中国对外开放中一项非常重要的内容，党中央、国务院都非常重视。习近平总书记在 2017 年 7 月 17 日召开的中央财经领导小组第 16 次会议上特别强调，要推进供给侧结构性改革，实现经济向更高形态发展，跟上全球科技进步步伐，都需要继续利用好外资。特别要求要采取有力措施，改善投资环境，加快对外开放的步伐。李克强总理的年度政府工作报告强调，要不断地完善我国营商环境，建设对外资有强吸引力的磁场，加大引进外资的力度。

（二）制定促进外资增长政策的国内外背景

从全球范围看，金融危机之后，世界经济不稳定因素很多，一些逆全球化思潮也在涌起，全球吸引外资都处于一个下降的趋势，全球外资流动在减少，相关国家也在采取一切措施，加强吸引外资，所以引资的竞争在加剧。

从国内看，国内经济进入稳定增长、结构优化的新常态。在新常态下我国利用外资优势转变成主要依靠市场规模，我国的基础设施依靠人力资源、产业配套和营商环境。在这样一个转型的阶段过程中，我国吸引外资的规模保持稳定，结构持续优化。

根据党中央、国务院的指示，商务部会同国务院相关部门，听取了外商投资企业的意见、外国投资者的意见，将这些意见整理上报给国务院，形成《国务院关于促进外资增长若干措施的通知》。

（三）进一步促进外资增长五方面措施

第一方面，是进一步减少外资准入的限制。要进一步扩大开放，包括全面实施准入前国民待遇加负面清单的管理制度，尽快在全国推行自贸区试行过的外商投资负面清单。还提出持续扩大开放的 12 个领域或者行业，特别是要求对这 12 个领域开放要有明确的时间表、路线图。这些领域其中一些是外资十分关注的。

第二方面，主要是制定财税支持政策，包括鼓励外国投资者以在华的利润扩大在华的投资，要将服务外包示范城市符合条件的技术先进型服务企业的所得税优惠政策在全国实施，要促进利用外资和对外投资的结合，鼓励跨国公司在华设立地区总部，促进外资向西部地区和东北部老工业基地转移。另外，支持重点的引资平台和重大项目。

第三方面，对完善国家级开发区综合投资环境方面有四条鼓励措施，包括对国家级开发区赋予投资管理的权限要扩大，支持有关项目落地，拓展引资空间，提升产业配套服务的能力。

第四方面，便利人才出入境方面，一是要完善外国人才引进制度，二是积极吸引国际高端人才。

第五方面，优化营商环境，一共有八个方面，包括抓紧完善外资法律体系，提升对外商投资的服务水平，保障境外投资者的利润自由汇出，深化外商投资企业管理信息共享和业务的协同，鼓励外资以并购方式参与国内企业的优化重组，完善外资知识产权的保护，提升研发国际环境的竞争力，保持外资政策的稳定性、连续性等。

（四）《通知》明确要进一步扩大开放和减少外资准入限制

第一是开放的门越来越大。对于进一步扩大开放，减少外资准入的限制，39号文件作了明确的规定和要求。自由贸易试验区是我国对外开放程度最高的区域，承担着对外开放先行先试的任务。从2013年上海自贸试验区开始，应该说通过自贸试验区这个途径，我国对外开放的门越来越大。比如最早的时候自贸试验区外资负面清单里有限制措施190项，后来降到139项，第三次降到122项，现在只有95项。在自贸试验区中已经试点开放的措施，希望能够在全国开放。39号文件中也专门指出，要在全国范围内推行曾经在自贸试验区里试过的负面清单。

第二是准入的限制越来越少。我国将在39号文件中特别列明的12个领域内，进一步放宽外资准入，减少对外资的限制。比如在制造业中，专门讲到要放宽专用车和新能源汽车的外资准入。39号文件中也明确要求下一步将放宽准入，减少限制。这是外商非常关心的领域。

第三是准入的领域越来越宽。在其他的服务业领域里，包括船舶设计、支线通用飞机的维修、国际海上的运输等，都有外资股比的限制，要求中方控股，但下一步也会放宽。在银行、证券、保险业，既有外资股比的限制，也有一些高管要求、业务领域范围的限制，下一步也要放宽。互联网上网服务营业场所，下一步会放宽。39号文件在减少外资准入限制、扩大开放方面，既有非常原则的要求，将在自贸试验区里使用过的负面清单推行到全国范围，又有重点领域的开放措施。文件还要求，对这些开放的领域，要制定时间表、路线图。这12个领域怎么开放，先在自贸试验区开放还是在部分领域开放，相关部门都会按照文件的要求，提出具体开放的时间表和路线图，使这些政策能够真正落地，使外资更加便利地进入中国市场。

（五）《通知》对国家级开发区吸引外资采取五方面支持措施

国家级开发区在30多年的建设中，为对外开放经济发展发挥了巨大作用，但近年来，国家级开发区吸引外资也遇到了一些挑战，就国家级经济技术开发区来说，2016年吸引外资下降了9%。针对这个情况，39号文件专门对国家级开发区吸引外资提供了一些支持措施，具体包括五个方面：

第一，发挥现有的财政资金作用，支持西部地区和东北老工业基地的国家级开发区提升引资能力。要加大财政投入，带动社会资金的进入，来支持西部地区、东北老工业基地的开发区完善生态环保设施，打造科技创新的平台，提高交通和水电气等公共服务水平。

第二，鼓励省级人民政府通过发行地方债券来重点支持这些开发区平台的基础设施建设和重大项目的建设。

第三，赋予国家级开发区（无论是经济开发区、高新技术产业开发区还是海关特殊监管区）投资管理权限。中央编办、国务院法制办和相关部门一起开展了相关集中行政许可权改革的试点，已经在33个国家级开发区取得了一些经验，使开发区的体制更加具有弹性，具有活力。

第四，拓展国家级开发区的引资空间。允许有条件的国家级开发区扩区到相邻的地方整合其他的开发区；设立飞地园区，增加它的土地可获得性，使外资的项目能够落地。

第五，提升国家级开发区产业配套能力。支持有条件的开发区开展高技术、高附加值的境内外维修业务。支持这些开发区发展高端的服务业产业，提高开发区整体的产业配套能力。

资料来源：《国务院关于促进外资增长若干措施的通知》政策解读［EB/OL］.（2017-08-31）［2021-03-21］. http：//www. scio. gov. cn/34473/34515/Document/1562313/1562313. htm

二、中国利用外商直接投资的作用

（一）弥补建设资金的不足，促进经济发展

建设资金短缺是制约经济发展的一个主要因素，中国经济发展除了充分利用内资外，还要积极利用外资。中国引进外商直接投资从1981年的3.8亿美元增长到2019年的1 390亿美元，外资已成为中国经济建设的重要资金来源之一。外商投资企业已经成为中国经济的重要组成部分，是促进中国经济持续高速增长的重要动力之一。

（二）引进先进的技术设备和管理经验

先进的技术和管理经验对经济增长方式的转变起重要作用。创办外商投资企业，既可以达到利用外资的目的，又可以在创办和经营管理中学习和引进先进的技术设备和管理经验。外商投资企业尤其是大型跨国公司在华从事研究与开发活动，有利于提高中国的研发能力与培养研发人才。另外，在利用外资时，还可学到国外先进的企业管理经验，并造就一批新型的企业管理人才，这对提高中国企业的经营管理水平有直接的推动作用。

（三）推动产业结构升级

改革开放以来，外商特别是跨国公司在中国投资最密集的行业有电子、汽车、家电、通信、化学、办公用品、仪器仪表、制药等。这些行业正是中国产业结构调整与升级中重点发展的行业，外资的进入有力地推动了中国产业结构的升级和优化。

（四）扩大社会就业，增加国家的财政收入

外商投资企业的建立和投产开业为中国提供了大量新的就业机会。2014—2016年，外商投资企业吸纳就业人员数量分别为2 955万人、2 790万人和2 666万人，年均吸纳城镇就业人员2 803万人，占当年全国城镇就业人员总数的比重分别为7.52%、6.90%和6.44%。外商直接投资的大量引进还扩大了国家财政收入的来源。2017—2018年，以外商投资税收为主（占98%以上）的涉外税收收入分别为29 185.1亿元、30 397.5亿元（不包括关税和土地费），分别占2017年全国税收收入总额144 369.87亿元的20.21%、2018年全国税收收入总额156 401亿元的19.43%。

（五）推动对外贸易的发展

近年来，外商投资企业已成为中国对外贸易的一支生力军，其进出口总额占全国进出口

总额的比重日趋扩大。根据世界贸易组织公布的 2017 年全球贸易总额数据，自 2013 年起中国连续三年成为全球货物贸易第一大国；2016 年以 204 亿美元之差被美国反超；2017 年中国贸易总额为 4.1052 万亿美元，排名第一，占全球比重为 11.48%。

外商投资也提升了中国的贸易结构和国际竞争力，使中国更广泛地融入国际分工，参与跨国公司的全球分工与生产环节，享受进入全球分工体系的益处，从而促进开放型经济的全面发展。同时外商投资企业也优化了中国的出口商品结构，增加了高科技产品、机电产品的出口数量，提高了传统出口产品的科技。

（六）加深中国与世界各国之间的内在联系

外商直接投资是各种要素跨境整合的产物，不但创造了产业相互融合、对接的分工与合作关系，而且伴随着大量的文化、人员的往来和交流，形成了"你中有我，我中有你"的深层关系和相互依存、相辅相成的共同利益，有助于建设一个和谐稳定的国际经济新秩序和文化氛围。

◢◣ 导入案例 10-3

星巴克中国扩张之路

星巴克是美国一家连锁咖啡企业，1971 年成立，总部位于美国华盛顿州西雅图市，为全球第一大咖啡连锁店。

1. 星巴克的中国扩张之路

自 1992 年起，中国逐步放开外资商业企业的经营限制；1999 年，国务院发布《外商投资商业企业试点办法》，允许在省会城市、自治区首府、直辖市、计划单列市和经济特区设立中外合资或合作商业企业；2001 年，中国正式加入 WTO；2004 年 12 月 11 日，中国零售业入世过渡期结束，为兑现中国零售市场全面向外资开放的承诺，零售领域实行全面开放。稳定增长的经济前景、庞大的潜在消费能力和一系列对外开放政策为包括星巴克在内的外资零售餐饮企业大规模来华投资提供了稳定的营商环境。

在上述背景下，星巴克在日本市场获得成功后，开始试水中国市场，于 1999 年 1 月进入北京，在中国国际贸易中心开设了中国第一家门店，成为最早进入中国市场的咖啡品牌之一。由于不允许独资及对中国市场不熟悉，星巴克先与香港汉鼎亚太投资公司和北京农工商总公司成立了北京美大星巴克咖啡公司，再由美大公司投资设立门店。此后，相继与台湾统一集团、美心食品国际有限公司成立合资企业统一星巴克和美心星巴克，分别拓展华东和华南市场。

随着对外开放政策逐渐宽松以及在中国市场取得初步成功，在经营战略方面，星巴克开始放弃合资模式，向直营店转型。一是回购合资股份和特许公司。如 2003 年，星巴克收购统一星巴克公司股票，将股权由 5% 扩大到 50%，由授权关系转变为合作关系；2006 年，先后增持美心星巴克和美大星巴克股权到 51% 和 90%；2011 年，再次收购美心集团合资股权，使后者只保留香港和澳门业务。二是建立大中华区支援中心，以直营店方式开设新店。2005 年，在上海正式建立大中华区支援中心，负责内地（大陆）和港澳台业务管理；与此同时，着手在青岛、沈阳等二线城市开设大量直营店。除了在江沪浙地区通过与统一集团的合资公司运营，其他地区设直营店。2017 年 7 月 27 日，星巴克与统一联合宣布，前者将以约 13 亿美元现金收购与后者在中国华东市场合资企业（上海统一星巴克咖啡有限公司）50% 股份。至此，星巴克将取得在江苏、浙江和上海约 1 300 家门店的 100% 所有权。2016 年，星巴克在中国 120 多个城市拥有门店数 2 600 多个，雇用员工 26 000 多人。另外据百度地图数据，截至 2017 年 7 月 29 日，星巴克已在全国 185 个城市中开设了 4 592 家门店，若全部正常营业，估计员工将超过 60 000 名。

2. 星巴克中国经营之道与本土化蜕变

为中国改写菜单，提供本土化产品。进入中国之初，星巴克的绿色美人鱼标志不仅代表高品质咖啡，更是高质量和现代生活方式的象征，受到广大商务人士和城市白领的青睐。但星巴克并未就此止步，为吸引更多本土文化中成长的顾客，在继续营造独特咖啡文化的同时，精心融入中国元素，加速实施本土化战略，并声称自己是"一家中国企业而非美国企业"。在产品本土化方面，除了高品质咖啡和西点外，增加各种中式传统茶饮料，逐步融入中国饮食文化。特别是金融危机之后，中国市场的重要性凸显，"到星巴克喝中国茶"标志着长期以来专注于咖啡文化、最具时尚特征的星巴克加速本土化转变。2011 年，星巴克在上海建立了研发中心，负责开发并持续推出富有中国特色、符合中国人口味和消费习惯的新品种，推出如意桃花红茶拿铁、福满栗香玛奇朵、豆腐蔬菜卷、彩椒蘑菇包，甚至荞麦凉面等，增加乌龙、碧螺春、龙井、茉莉花茶等中国传统茶饮料的品种，打出"上午喝咖啡，下午喝茶！"的广告，还在中国重要节日推出月饼礼盒、星冰粽以及生肖储蓄罐和随行杯等产品。

在门店设计中融入中国传统文化要素，努力融入中国社区。在门店形象设计方面，星巴克并没有仅仅为了满足咖啡所代表的国际范儿和西方文化内涵而进行简单复制。随着对中国市场的理解不断深入，其专门成立了中国设计中心，在如何融入中国区域性传统文化精髓方面，下了大功夫。星巴克在中国的门店设计充分体现了与历史文化、区域特色、建筑风格相融合的特点。

将中国孝道文化融入"伙伴计划"。坚持员工至上是星巴克的独特经营理念和宝贵成功经验之一。在中国，如何体现这个理念也与中国传统文化和现实需求密切结合。经过与星巴克伙伴的交流和广泛调研，管理层了解到，中国人对父母的晚年生活负有巨大责任和义务，而许多老人缺乏足够的保险，给子女上班造成较大压力。研究决定，公司将投入数百万美元实施"父母关爱计划"，从 2017 年 6 月 1 日起，为所有符合条件的全职中国员工，全资提供父母重大疾病保险。

资料来源：邓慧慧，陈昊. 中国外商投资发展报告［M］. 北京：对外经济贸易大学出版社，2017.

第二节　中国对外直接投资

一、中国对外直接投资的发展历程

中国企业的对外直接投资和吸引外商直接投资一样，是在改革开放以后逐步发展起来的，中国对外直接投资主要经历了四个发展阶段：

（一）第一阶段：1979—1985 年

这是我国企业进行对外直接投资的尝试性阶段。1979 年 8 月，国务院提出了 15 条经济改革措施，其中一条就是要出国办企业。在此政策的鼓励下，一部分具有进出口业务和涉外经验的企业率先走出国门，通过在海外设立代表处或海外贸易公司等形式，开始了跨国经营的艰难探索。

这一阶段对外直接投资的特点主要表现在：在中央高度集中的严格审批下进行，投资额极为有限；投资主体主要是大型的贸易集团和综合性集团；投资业务以贸易活动为主，市场进入方式多为海外代表处或合资企业；非贸易性企业的投资大多集中在餐饮、建筑工程和咨询服务等行业。

（二）第二阶段：1986—1991 年

随着我国对外开放程度的逐步深化，越来越多的企业把眼光瞄准国际市场。从政策方面看，政府逐渐放宽了非贸易类企业到海外投资政策上的一些限制。同时，原外经贸部下放了部分企业海外投资的审批权限，简化了部分审批手续。

此阶段对外直接投资的特点是：国际化经营的领域开始多元化，海外企业数量迅速增长；对外投资的地域分布扩大，由 45 个国家和地区扩大到 90 个国家和地区；对外投资的行业也由服务业向资源开发、加工装配、交通运输、医疗卫生等行业延伸；对外投资主体由原来的外贸专业公司和省市国际技术合作公司向多行业的生产企业、集团企业转变。

（三）第三阶段：1992—1998 年

1991 年 2 月，国务院对海外投资审批权做出了修订。中国经济体制改革和对外开放开始迈向一个新的发展阶段，国家外贸体制改革也加快了步伐。

体制改革和经济形势的变化激发了中国企业海外投资的热情，促使对外直接投资的数量和地域范围不断扩大。投资区域遍及全球 100 多个国家和地区，投资和合作重点开始从中国港澳地区、北美地区向亚太、非洲、拉美等发展中国家和地区转移。投资的产业领域从初期的贸易领域，发展到资源开发、工业生产加工、交通运输、工程承包、旅游餐饮、研究开发、咨询服务、农业及农产品综合开发等诸多领域。对外投资主体逐步从以贸易公司为主向以大中型生产企业为主转变，生产企业境外投资所占比重不断增大，境外贸易公司所占比重逐渐减少。一批行业排头兵和优秀企业开展跨国经营，到境外开办企业，取得较好成效。

（四）第四阶段：1999—2016 年

这一时期是我国"走出去"战略的提出和最终确定时期，国家对外投资管理体制和政策环境也有重大改进。国务院各有关部门分别从财政、信贷、外汇和税收等方面制定了一系列具体的配套措施。这些都极大地促进了企业的对外直接投资活动，对外投资数量和规模快速增长。2005 年，中国对外直接投资首次超过百亿美元，到 2007 年，中国对外直接投资规模已增长至 265 亿美元。2008—2016 年，在全球经济增长乏力的形势下，中国对外直接投资保持了良好的增长态势，创下了年均增长 25.76% 的佳绩。2013 年，中国对外直接投资规模突破 1 000 亿美元；2016 年，中国对外直接投资再创新高，达 1 961.5 亿美元。这一阶段，中国经济实力有较大提高，一大批企业通过转型升级不断发展壮大，开始拥有所有权优势和内部化优势，中国对外投资规模不断攀升，投资结构进一步优化，投资区位分布更为广泛，投资行业领域更加丰富，投资主体日趋多元，展现出良好的发展态势。

（五）第五阶段：2017年至今

这一时期，在开放型经济体系建设，尤其是"一带一路"倡议引领下，中国对外直接投资进入转型升级阶段。中国企业积极应对复杂多变的国际市场环境，加快"走出去"步伐，融入经济全球化进程，通过对外直接投资、对外承包工程、对外劳务合作、境外经贸合作区建设等多种方式，谋求互利共赢，促进共同发展。2017年，中国对外直接投资1 582.9亿美元，规模仅次于美国（3 422.7亿美元）和日本（1 604.5亿美元），位居世界第三位。截至2017年年底，中国2.55万家境内投资者在国（境）外共设立对外直接投资企业3.92万家，分布在全球189个国家（地区）。截至2017年年末，中国对外直接投资存量为1.8万亿美元，排名升至全球第二位。随着中国改革深化，综合国力增强，产业结构调整步伐加快，贸易投资便利化水平持续提升，对外开放平台建设深入推进，中国企业海外资产继续增加、跨国经营能力和水平不断提升，对外投资合作将继续保持稳步、有序发展。

◤◢◣ 导入案例 10-4 ....

国务院办公厅转发《关于进一步引导和规范境外投资方向的指导意见》

2017年8月，国务院办公厅转发国家发展改革委、商务部、人民银行、外交部《关于进一步引导和规范境外投资方向的指导意见》（以下简称《意见》），部署加强对境外投资的宏观指导，引导和规范境外投资方向，推动境外投资持续合理有序健康发展。

《意见》指出，当前国际国内环境正在发生深刻变化，我国企业开展境外投资既存在较好机遇，也面临诸多风险和挑战。要以供给侧结构性改革为主线，以"一带一路"倡议为统领，进一步引导和规范企业境外投资方向，促进企业合理有序地开展境外投资活动，防范和应对境外投资风险，推动境外投资持续健康发展，实现与投资目的国互利共赢、共同发展。

《意见》鼓励开展的境外投资包括：一是重点推进有利于"一带一路"倡议和周边基础设施互联互通的基础设施境外投资；二是稳步开展带动优势产能、优质装备和技术标准输出的境外投资；三是加强与境外高新技术和先进制造业企业的投资合作；四是在审慎评估经济效益的基础上稳妥参与境外能源资源勘探和开发；五是着力扩大农业对外合作；六是有序推进服务领域境外投资。

《意见》限制开展的境外投资包括：一是赴与我国未建交，发生战乱或者我国缔结的双、多边条约或协议规定需要限制的敏感国家和地区开展境外投资；二是房地产、酒店、影城、娱乐业、体育俱乐部等境外投资；三是在境外设立无具体实业项目的股权投资基金或投资平台；四是使用不符合投资目的国技术标准要求的落后生产设备开展境外投资；五是不符合投资目的国环保、能耗、安全标准的境外投资。

《意见》禁止开展的境外投资包括：一是涉及未经国家批准的军事工业核心技术和产品输出的境外投资；二是运用我国禁止出口的技术、工艺、产品的境外投资；三是赌博业、色情业等境外投资；四是我国缔结或参加的国际条约规定禁止的境外投资；五是其他危害或可能危害国家利益和国家安全的境外投资。

《意见》要求，要实施分类指导，完善管理机制，提高服务水平，强化安全保障。各地区、各部门要切实加强组织领导和统筹协调，落实工作责任，抓紧制定出台配套政策措施，扎实推进相关工作，确保取得实效。

资料来源：国务院办公厅《关于进一步引导和规范境外投资方向的指导意见》[EB/OL].(2017-08-18)[2021-03-21]. http：//www.gov.cn/xinwen/2017-08/18/content_ 5218720.htm

二、中国对外直接投资的主要特点

(一) 发展规模和投资主体

海外投资发展速度较快，平均投资规模逐步扩大，投资主体不断优化。改革开放以来，中国对外直接投资得到了快速发展，形成了一定规模，海外投资企业数量和对外直接投资金额的年均增长率都较高。近年来，国内一些规模较大的行业排头兵企业、技术较先进的企业以及具有名牌商品的优秀企业纷纷加入海外投资行列。2015 年，中国对外直接投资企业达到 2 万多家，其中有限责任公司占整个境内投资主体的比重为 67.4%，国有企业所占比重为 5.8%，私营企业所占比重为 93%。在投资主体不断优化的同时，海外投资企业的平均投资规模也在不断扩大，据商务部统计，2015 年的平均投资规模超过 1 000 万美元。

(二) 投资地区

海外投资企业分布的国家和地区广泛，越来越呈现出多元化趋势。截至 2015 年年底，中国的 2 万多家对外直接投资企业分布在全球 188 个国家或地区，投资覆盖率为 80.7%，其中在亚洲和非洲的投资覆盖率分别达 97.9% 和 85%。从境外企业数量的国家或地区分布来看，亚洲地区集中了境外企业数量的 55.5%，北美地区为 14.4%，欧洲地区为 11.5%。从中国内地境外投资流向来看，流量在 10 亿美元以上的国家和地区有 15 个，为中国香港、荷兰、新加坡、开曼群岛、美国、澳大利亚、俄罗斯、英属维尔京群岛、英国，加拿大、印度尼西亚、朝鲜、阿拉伯联合酋长国、百慕大群岛、中国澳门。

(三) 投资行业

海外投资企业在第一、第二和第三产业均有投资。截至 2015 年年底，批发和零售业占境外企业总数的 29.4%，制造业占 21.4%，租赁和商务服务业占 13.2%，建筑业占 6.4%，采矿业占 4.6%，农、林、牧、渔业占 4.6%。从对外直接投资存量（2015 年年底达 10 978.6 亿美元）分布的行业来看，存量在 1 000 亿美元以上的四个行业，即租赁和商务服务业、金融业、采矿业以及批发和零售业，其存量投资达到 4 335.50 亿美元，占境外投资存量总额的 39.49%。

(四) 投资方式、企业所有权结构和设立方式

海外投资企业出资方式以合资合作居多，设立方式上新建与并购并举。中国企业对外直接投资的投资方式越来越多样化，包括以现汇出资（含企业自有资金和国内贷款）、以从国外获得的贷款出资、以国内机械设备等实物出资、以国内的技术专利或专有技术（含劳务）出资。从所有权结构来看，海外独资企业约占 30%，与东道国或第三国共同举办的合资与合作企业约占 70%。海外投资企业组织形式分别为股份有限公司和有限责任公司，设立方式多采用新建方式（含股本投资、利润再投资和其他投资），采用国际上较流行的收购与兼

并（含股权置换）方式不断扩大。以 2015 年为例，通过收购与兼并方式实现的对外投资（5 444 亿美元）占到当年对外直接投资流量（145 667 亿美元）的 37.37%，并购领域涉及采矿业、制造业、电力生产与供应业、专业技术服务业、金融业等。

（五）与国内母公司关系

海外投资企业对国内母（总）公司的依赖仍然比较重，自我开拓和横向联系能力有待加强（境外企业总数的 95% 为子公司或分支机构，只有 5% 属于联营公司）。中国部分海外投资企业各方面业务多由国内直接控制，是国内母公司的补充，没有在海外当地形成属于本企业自己的营销网络和信息渠道。还有一些海外企业只与母公司进行双向联系，海外企业之间以及海外企业与当地企业之间的横向联系较少。海外投资企业没有树立海外独立作战的意识，没有自己独立的品牌，没有把整个世界市场作为经营的舞台，没有实现全球范围内进行资源优化配置和产品生产与销售的合理布局。

◢◢◢ 导入案例 10-5

中石油集团获阿布扎比 ADCO 陆上油田开发项目 8% 权益（40 年）

2017 年 2 月，中国石油天然气集团公司董事长与阿布扎比国家石油公司（ADNOC）CEO 签署了 ADCO 陆上油田开发项目购股协议。根据协议，中石油将斥资 18 亿美元收购阿布扎比陆上石油公司 8% 的股权，作为回报，阿布扎比将授予中石油 ADCO 油田项目 8% 的权益，合同期 40 年。

ADCO 陆上油田项目是石油蕴藏量约占全球总量 1/10 的阿布扎比最大的原油开采项目，总资源达 200 亿至 300 亿桶原油，主要由阿布扎比陆上石油公司负责勘探开发。该笔收购也是中石油自 2014 年油价断崖式下跌以来重启的最大一笔海外勘探开发投资。与 ADCO 陆上油田开发项目的合作只是中石油与阿布扎比石油公司深化合作的起点，也是"一带一路"倡议的成果。而此前截至 2016 年年底，中石油已经在"一带一路"沿线 19 个国家共执行近 50 个油气合作项目，且将近 3/4 的项目是千万吨级大型油气生产项目。

资料来源：2017 "一带一路" 十大并购案例 [EB/OL].（2018-01-05）[2021-01-29].https：//www.sohu.com/a/214990795_99958672

三、中国对外投资战略调整

随着时代的发展，国际形势的变化，我国对外直接投资战略进行了重大调整。投资的收益环境与风险环境是衡量对外投资地区选择的主要因素，就我国企业拥有的比较优势而言，所对应的经济发达国家、发展中国家和经济转轨国家的情况分别如下：

（一）扩大对发展中国家的投资

充裕的建设资金和先进的制造技术，有利于国家经济发展，因此与以往不同，发展中国家制定了许多招商引资的优惠政策。我国与大多数发展中国家建立了良好的双边关系，有广泛的技术经济合作基础，加强对发展中国家的投资，对双方都有十分积极的作用。

在投资目标选择上，应选择市场规模较大、对企业产品需求较多、欢迎外来投资、与中国保持良好经济关系且经济水平与我国接近的国家，如印度、巴基斯坦、印度尼西亚、越南、泰国、巴西、阿根廷、墨西哥、尼日利亚等。对这些国家的投资，既可以体现我国相对先进和实用的技术，又可以疏通企业的产品销路，也能通过当地市场辐射到周边国家。

在产业选择上，主要为劳动密集型和技术标准化的制造业，特别是在我国市场已经饱和的产业；在投资项目上，则应以小规模制造业、资源开发、石化工业和轻工业为重点。这些产业既适合发展中国家市场的需要，也是这些国家重点发展的行业。

（二）提升对发达国家的投资

结合我国海外投资存在的比较优势，积极进入发达国家市场。美国、加拿大、日本、澳大利亚、新西兰等工业发达国家，其收入水平高、购买力强、市场容量大、市场基础条件好、投资环境优越。这些国家是世界上对跨国经营者最具吸引力的地区，市场竞争也十分激烈。因此，对于发达国家的直接投资，一是提升核心竞争力的项目，即为具有知识产权的自主研发和自主品牌的投资；二是提升能与贸易相互促进的投资项目；三是提升通过跨国并购获取"逆向技术溢出"的项目；四是提升非国有企业的项目比重。

对发达国家直接投资，主要是为了获取稀缺资源和先进技术以及避开贸易壁垒，因此，海外投资应建立资源型、出口替代型、高新技术型和外贸型的跨国企业。

（三）拓展对转轨国家的投资

俄罗斯、东欧各国拥有许多先进的技术，尤其是在重工业和航天工业领域，且这些国家的国有企业私营化过程还在继续。我国企业可以通过收购、合资等方式对一些拥有先进技术的企业进行投资，以获取需要的技术。另外，这些国家各类商品特别是一些轻工产品严重短缺，市场供不应求。我国企业的家电、服装、纺织、丝绸等轻工业产品在世界上都具有竞争力，很符合这些市场的需求，投资开发潜力巨大。再者，这些国家自然资源蕴藏丰富，是除西亚外石油储量最为丰富的地区，且距离我国较近，是我国可靠的石油来源地。因此，拓展对这些国家的投资有利于我国的经济发展。

（四）重点加强对"一带一路"沿线国家的投资

"一带一路"是"丝绸之路经济带"和"21世纪海上丝绸之路"的简称，陆地上从中国西安经中亚到地中海，以罗马为终点，全长近6 500千米，海上则从中国东南沿海，经南海诸国，穿过印度洋，进入红海，抵达东非和欧洲。参与和支持"一带一路"倡议的沿线国家有60多个，市场广阔，合作前景壮观。

参与对"一带一路"沿线国家和地区的投资，是经济一体化的体现，又具有经济全球化效应。我国长期实施的是以引进来为主的开放经济政策，随着国内外经济发展的新阶段和我国非缺口型外资现象的形成，现已进入引进外资与对外投资并重格局的转折。我国企业可以通过新建与并购的途径，采用独资经营、合资经营及合作经营等多样化的投资方式，积极开拓新的投资市场，参与对外竞争与合作。这也有利于产业结构的调整。

需要注意的是，"一带一路"沿线国家的投资环境各异，投资者面临因战乱、政权无序变更带来的国家风险的可能性，从而使对外直接投资预期目标难以实现，收益下降或亏损，甚至投资资本无法收回。

▰▰\ 导入案例10-6

招商局收购汉班托塔港的99年运营权

2017年7月，中国招商局港口控股有限公司（以下简称"招商局"）与斯里兰卡港务局在科伦坡正式签署了汉班托塔港特许经营协议。招商局港口收购汉班托塔港港口及海运相关业务，总投资额 11.2 亿美元。

据悉，中斯双方将成立两家合资公司——汉班托塔国际港口集团有限公司和汉班托塔国际港口服务有限责任公司，负责汉班托塔港的商业管理运营和行政管理运营。招商局港口将在这两家公司中分别占股 85% 和 49.3%，斯里兰卡港务局分别占股 15% 和 50.7%，中资在两家合资公司中的总占股比例将达到 70%。协议有效期为 99 年，10 年后双方将逐步调整股权比例，最终调整为各占 50%。2017 年 12 月 9 日，斯里兰卡政府向招商局正式移交汉班托塔港的经营权。

在此次投资汉班托塔港之前，招商局已在斯里兰卡投资科伦坡国际集装箱码头有限公司，加上汉班托塔港，未来两大主要港口将实现重大协同效应。

根据前瞻产业研究院的研究，随着以中国为主的亚洲国家对外贸易及集装箱运输的快速发展，欧盟和北美等国的港口设施已经越来越不能满足亚洲船舶，尤其是对运送中国出口产品的大型船舶的需要，港口拥堵也似乎愈加成为阻碍中国出口的一道屏障。而从行业特点看，港口业有很高的进入壁垒，具有自然垄断特征。因此，从 2003 年开始，我国航运企业就开始将投资触角伸向海外，参与投资经营国外集装箱码头，以减少我国海外运输市场交易成本和保护运输产品质量。

汉班托塔港位于斯里兰卡最南端，地理位置优越，是"21 世纪海上丝绸之路"框架下中斯互利合作的重点区域。未来具有庞大的发展潜力，其经济腹地覆盖整个南亚地区，将会成为区域内的航运枢纽。该交易无疑是中资在"一带一路"沿线上的典型性项目之一。

资料来源：2017 "一带一路"十大并购案例［EB/OL］(2018-01-05)［2021-01-29］．https：//www. sohu. com/a/214990795_ 99958672

本章小结

本章第一节介绍了中国吸引外商直接投资发展的五个阶段及中国利用外商投资的作用。中国利用外商直接投资有利于促进经济发展，推动产业结构升级，扩大社会就业，增加国家财政收入，推动对外贸易发展，有利于引进先进的技术设备和管理经验。第二节介绍了中国对外直接投资发展的四个阶段及对外直接投资的特点，并基于"一带一路"倡议提出我国对外直接投资的战略调整。

本章思考题

1. 简述我国利用外商直接投资的发展历程。
2. 我国利用外商直接投资的作用表现在哪些方面？
3. 简述我国对外直接投资的特点。
4. 试分析我国企业如何有效地进行对外直接投资。
5. 案例分析：阅读以下材料，结合现实分析外贸外资发展对我国经济发展的重要意义。

2020 年 4 月 1 日，《求是》刊登商务部部长钟山署名文章《积极应对疫情冲击，稳住外贸外资基本盘》，主要内容如下：

一、面对疫情冲击稳住外贸外资基本盘具有重大意义

稳住外贸外资基本盘，是习近平总书记立足当前和长远、统筹国内国际两个大局做出的重要决策部署。做好这项工作，具有重大而深远的意义。

这是稳定经济社会发展大局的紧迫需要。这次疫情给我国经济社会发展带来明显冲击，经济下行压力持续加大。长期以来，外贸外资一直是我国经济增长的重要引擎，在"三驾马车"中具有重要分量，在经济社会发展中具有不可替代的作用。外贸外资稳不住，消费和投资也会受影响，进而影响经济增长。在中央"六稳"工作中，稳外贸、稳外资占据了"两稳"。目前，我国外贸依存度约32%，外资对全国税收贡献约18%。外贸外资直接和间接带动就业超过2亿人，占就业总量的1/4左右，其中包括大量农村和贫困地区人口。就应对疫情冲击而言，在保障有关生活必需品、防护物资生产和进口，稳定企业预期和社会信心等方面，外贸外资也发挥了积极作用。稳住外贸外资基本盘，有助于克服疫情影响、做好"六稳"工作，为实现全年经济社会发展目标任务、打赢脱贫攻坚战、全面建成小康社会提供有力支撑。

这是推动经济高质量发展的必然需要。这次疫情暴发，对全球产业链供应链稳定、生产要素流动产生较大影响，对我国高质量发展带来新的挑战。外贸外资是我国以开放促改革、促发展、促创新的重要载体，是统筹利用两个市场、两种资源的主要方式，是对接国际先进生产力和高端要素的重要途径，对加快产业升级和提高发展质量具有重要作用。外贸引进了大量技术设备和关键零部件，扩大了更多高端产品出口，提升了全球资源配置能力。外资在技术、人才、管理等方面产生明显"外溢效应"。目前，跨国公司在华投资地区总部和研发中心超过2 000家，外资高技术产业企业数占全国约1/4；全国规模以上工业企业中，外资企业研发投入占比约1/5。稳住外贸外资基本盘，有助于推动优质生产要素跨境流动，培育和集聚创新发展动能，加快质量、效率、动力"三大变革"，为建设现代化经济体系、建设社会主义现代化强国提供更大动力。

这是推进新时代更高水平对外开放的客观需要。开放是国家繁荣发展的必由之路。当前疫情在全球扩散，增加了世界经济下行压力，给开放合作带来更多不确定和不稳定因素。外贸外资是我国对外开放的前沿阵地，是推进经济全球化的重要途径，是深化互利合作的重要纽带。稳住外贸外资基本盘，就稳住了我国对外开放的根基，稳住了我国开放大国的地位。我国是120多个国家和地区的最大贸易伙伴，进口占全球的11%，吸收外资占比约10%。2019年，我国同"一带一路"相关国家贸易额超过1.3万亿美元，来自相关国家的外资累计约500亿美元。稳住外贸外资基本盘，有助于巩固我国对外开放成果，以更加坚定的信念和务实的行动，推动共建"一带一路"向纵深发展，加快自贸试验区和自由贸易港建设，办好中国国际进口博览会，推进更高水平对外开放，为建设开放型世界经济和构建人类命运共同体提供"动力源"。

二、准确把握疫情冲击下外贸外资发展形势

此次疫情波及范围之广前所未有，严重打乱了全球正常生产经营秩序，冲击了全球产业链供应链。目前，我国疫情防控形势持续向好，经济社会秩序加快恢复，但疫情在全球多点暴发，境外疫情呈加速扩散蔓延态势，股市、债市、油价动荡更加激烈，加大了全球经济遭遇危机的风险。疫情叠加中美经贸摩擦、世界经济下行等因素，给我国外贸外资发展带来供

需两端的双重压力。

一方面，外贸发展难度加大。受疫情影响，外贸企业普遍面临上下游协同不畅、人工成本增加、资金周转紧张等共性问题，同时遇到了一些突出的外部挑战。一是国际市场需求减弱。外贸发展更多取决于国际市场需求，"由人不由己"。原本国际市场需求增长乏力，疫情给各国经济造成冲击，外需更是"雪上加霜"。考虑到疫情影响，国际货币基金组织、经合组织等国际机构纷纷下调2020年全球经济增速预测，世贸组织预计2020年全球贸易将大幅下滑。二是履约接单困难。疫情导致航班、海运等国际物流受阻，清关难度加大，贸易促进活动受限，在手订单履约难，后续订单减少。据有关调查，数千家外贸企业存在出运和收汇被迫推迟的情况，甚至部分订单出现转移。每年3—5月是出口下单高峰期，从2020年的情况看，不少外贸企业出现新订单不同程度的下降。三是贸易壁垒增多。疫情导致各国对人员、货物往来的限制更加严格，全球范围内保护性措施有增加趋势，可能诱发或加剧经贸摩擦，影响外贸企业开拓国际市场。

另一方面，吸引外资变数增加。疫情影响下，国际直接投资更加低迷，外资等待观望情绪加重，稳存量、促增量面临较大挑战。一是国际投资蛋糕缩小。据联合国贸发会议2020年3月26日新发布的《全球投资趋势监测报告》，受疫情影响，2020年至2021年全球外国直接投资可能下降30%～40%。国际投资持续低迷，将进一步加剧引资竞争。二是跨国投资布局的不确定性增加。此次疫情给全球产业链供应链带来冲击，再次让世界认识到中国在全球产业链供应链中的作用。为应对疫情影响，跨国公司可能会做出一些应急性、战术性的调整，对未来全球分工布局带来影响。三是招商引资活动受限。2020年以来，不少外资企业生产经营受到疫情影响，利润再投资的空间受到挤压，短期扩大投资意愿下降。同时，由于不能现场考察洽谈，部分在谈项目不得不暂停或延缓。

党中央、国务院高度重视疫情对经济社会发展的影响，对稳外贸稳外资做出一系列决策部署。2020年3月4日，中央政治局常委会会议指出，要在扩大对外开放中推动复工复产，努力做好稳外贸、稳外资工作，开拓多元化国际市场。3月10日，国务院常务会议确定了稳外贸稳外资的新举措。3月27日，中央政治局会议再次强调全面做好"六稳"工作，指出要加强国际经贸合作，加快国际物流供应链体系建设，保障国际货运畅通。党中央、国务院出台的一系列决策部署和政策举措，有力缓解了外贸外资企业面临的实际困难，对冲了疫情对外贸外资的负面影响，为稳住外贸外资基本盘打下了基础。

应对疫情对外贸外资的冲击和影响，最关键的是要坚决有效地贯彻落实党中央、国务院的决策部署。商务部坚持早谋划、早行动，第一时间成立应对疫情工作领导小组，及时摸排企业受困情况，完善外贸外资协调机制，协调出台应对疫情稳外贸稳外资促消费20条措施等举措。各地商务主管部门奋战在稳外贸稳外资的第一线，坚持一手抓疫情防控、一手抓商务发展，最大限度减少疫情影响。在推进复工复产方面，结合分区分级精准防控要求，协调相关部门加强对外贸外资企业复工复产的支持，协调解决防疫、用工、能源、上下游配套等难题。在缓解资金压力方面，推动出台税收优惠、财政贴息、融资支持、租金减免等举措，扩大外贸信贷投放，促进费率合理下降，为企业"输血""止损"，减轻企业负担，缓解燃眉之急。在加强企业服务方面，加大法律救助和信息服务力度，协助出具"不可抗力事实证明"，减少履约风险；推动有关国家尽快解除不必要的贸易限制措施；指导开放平台抓防控促发展，稳定外资企业信心。在推动创新发展方面，通过跨境电商等外贸新业态新模式扩大进出口，支持市场采购贸易与跨境电商融合发展，创新和优化网上招商引资方式，推动解决招商难问题。

三、精准施策做好稳外贸工作

面对稳外贸的巨大挑战，要在坚决打赢疫情防控阻击战、加强疫情防控国际合作的同时，加快落实各项外贸支持政策，精准帮扶企业积极开展对外贸易，全力保市场、保订单、保履约、降成本、防风险。

加快推动外贸企业复工复产。当前疫情仍是妨碍全球产业链供应链运转的重要因素。要按照分区分级精准防控原则，指导外贸企业一手抓疫情防控，一手抓复工复产，支持企业有效履约，保障产业链供应链畅通运转。精准对接返岗员工需求，鼓励采取"点对点、一站式"直达运输服务，实施全程防疫管控，确保务工人员安全返岗。加强员工健康检测，严格生产和车间管理等环节的科学防控。从保障外贸龙头企业入手，推动重点企业、龙头企业和配套企业协同复工复产，提高产业链复工复产的系统性、协同性。加强物流运输保障力度，提升运输能力，确保外贸物流顺畅运转。总结推广各地复工复产、稳定产业链供应链的好做法、好经验，及时提供法律援助，最大限度减少企业损失。

抓好外贸政策落实。落实好为应对疫情而出台的稳外贸政策措施，加大金融、保险、财税等支持力度，推动解决外贸企业面临的成本上升、资金链紧张等突出问题。落实已经出台的再贷款、再贴现政策，加强贸易融资支持，适度降低贷款利率，增加外贸信贷投放，鼓励金融机构扩大在中国信保公司短期险项下的保单融资规模。落实好贷款延期还本付息等政策，对受疫情影响大、前景好的中小微外贸企业可协商再延期。充分发挥出口信保作用，扩大出口信保短期险覆盖面，促进费率合理降低。落实已出台的减税降费政策，进一步完善出口退税政策，对除"两高一资"外所有未足额退税的产品及时足额退税，切实减轻企业负担。

培育外贸竞争新优势。在应对疫情冲击的同时，要坚定走贸易高质量发展之路。加快外贸领域科技、制度、模式创新，优化国际市场布局，挖掘外贸新增长点。加快发展跨境电商、市场采购贸易等新业态新模式，支持企业建设一批高质量的海外仓，新建一批外贸转型升级基地。做强一般贸易，提升加工贸易，发展其他贸易。支持中西部和东北地区加快承接国内外产业转移，提高开放型经济比重。完善国际营销网络体系，办好第三届中国国际进口博览会，发挥好广交会等展会平台作用。继续深化服务贸易创新发展试点，复制推广一批试点经验，推动出台新的改革开放举措。大力发展生产性服务贸易和数字服务贸易，加快服务外包转型升级。

促进贸易自由化、便利化。全球疫情扩散引发各国增加对人员、贸易等的限制，要加强抗疫国际合作，增进沟通和协调，推动减少贸易限制。推进世贸组织贸易便利化协定落实，推动贸易伙伴简化通关手续，降低港口、检验检疫等环节收费，优化口岸、物流等服务。用好二十国集团、亚太经合组织等机制，推动共同抗击疫情，减少疫情对全球产业链供应链的影响。发挥双边经贸合作机制的作用，推动区域全面经济伙伴关系协定早日签署，推进中日韩自贸协定等谈判进程，与更多国家商签高标准自贸协定。深化与自贸伙伴、"一带一路"相关国家的贸易合作，商建更多贸易畅通工作组，营造良好的国际经贸合作环境。

四、多措并举做好稳外资工作

全球疫情对跨国投资的影响仍在发酵。做好稳外资工作，既需要短期施策，更需要营造长期引资优势。要多措并举，在努力为外资企业排忧解难的同时，坚定不移地深化改革开放，增强外商长期投资经营的信心。

支持帮助外资企业复工复产。在做好疫情防控前提下，支持帮助外资企业复工复产是稳外资工作的当务之急。要加强分类指导、精准帮扶，优先保障在全球产业链供应链中有重要影响的外资龙头企业和配套企业复工复产，协调推动上下游企业同步复工。建立重点外资企业联系服务制度，加强与外资企业协会、外国商会和企业联系，做好政策宣介、疑问解答工作。通过电话、问卷调查等形式，及时了解外资企业生产经营状况和投资动向。及时解决外资企业复工复产中的跨部门难题，保障近期出台的应对疫情影响的各项帮扶政策对内外资企业一视同仁。各地在推动外资企业复工复产中，探索出了不少好的经验做法，要及时总结推广。

抓好标志性重大项目落地。做好稳外资工作，实现促增量、稳存量，要着力抓好重大项目，解决好项目落地、建设等方面存在的困难。密切跟踪在谈外资大项目，分类施策、一企一策，精准研究支持政策，及时协调解决项目推进过程中的困难和问题。对于在建外资大项目，开展"点对点"服务保障，协调解决用地、用工、水电、物流等问题，保障企业投资按计划进行。创新和优化招商引资方式，通过网上洽谈、视频会议、在线签约等方式，整合各类招商资源，持续推进投资促进和招商工作。充分利用各种招商机构和平台，加大投资环境和合作项目宣传推介力度。加强与境外各类商协会等中介组织的合作，积极开展委托招商、以商招商，组织灵活多样的招商活动，争取一批新项目签约落地。

加大对外开放力度。坚持以高水平开放促进深层次改革、促进高质量发展。修订外商投资准入负面清单既是当前稳外资的需要，也是进一步扩大开放的举措。抓紧进一步缩减全国和自贸试验区负面清单，重点加大金融等服务业对外开放力度。扩大鼓励外商投资产业目录，鼓励外资投向先进制造业、新兴产业、高新技术、节能环保等领域。落实国家区域发展战略，推动中西部地区加大承接外资产业转移力度。加快对外开放高地建设，赋予自贸试验区更大改革自主权，加快推进海南自由贸易港建设。修订国家级经济技术开发区考核评价办法，增加外贸外资考核指标权重，更好发挥其稳外贸稳外资的示范带动作用。

持续优化营商环境。"栽好梧桐树，引得凤凰来"。稳定外商预期和信心，关键是做好招商、安商、稳商工作。实施好《外商投资法》及其实施条例和《优化营商环境条例》等法律法规，继续深入做好相关法规规章清理和修订，着力打造市场化、法治化、国际化的营商环境。完善外商投资信息报告制度，充分运用信息化手段，加强研判和预警，及时掌握各行业、各领域外资企业受疫情影响等情况，做好跟踪服务。完善外资企业投诉工作机制，修订投诉工作办法，加强知识产权保护，维护外资企业合法权益。

资料来源：积极应对疫情冲击 稳住外贸外资基本盘 [EB/OL]. (2020-04-03) [2021-01-30]. http：//www. mofcom. gov. cn/article/i/jyjl/e/202004/20200402951769. shtml

参 考 文 献

[1] 庞文亮. 特斯拉落子中国 [J]. 中国工业和信息化, 2019 (6).

[2] 陈宝森. 新世纪跨国公司的走势及其全球影响 [J]. 世界经济与政治, 2008 (8).

[3] 李飞. 外商直接投资对我国产业安全的影响及对策分析 [J]. 中国经贸导刊, 2010 (21).

[4] 亢樱青, 纪程程. 民族品牌乐百氏 "消失" 的 17 年 [J]. 商学院, 2017 (Z1).

[5] 苏凯鑫, 樊艳翔, 何承雨. 基于国际生产折衷理论分析中国国际投资——以宜家与吉利为例 [J]. 现代营销 (下旬刊), 2020 (11).

[6] 武锐, 黄方亮. 跨境进入的模式选择: 跨国并购、绿地投资还是合资公司 [J]. 江苏社会科学, 2010 (6).

[7] 孔文泰. 海尔进入国际市场的战略及所带来的启示 [J]. 企业科技与发展, 2013 (12).

[8] 胡峰. 中国上海自贸区建立对外资管理体制带来变革的几个问题 [J]. 国际商务论坛, 2014 (3).

[9] 焦卓. 国际银行业并购对我国银行业的影响和启示 [J]. 财税金融, 2014 (17).

[10] 李莺莉. 东道国视角下的 FDI 就业效应研究——基于中国省际面板数据的实证分析 [J]. 宏观经济研究, 2014 (12).

[11] 任鸿斌. 中国外商投资环境评价与发展 [J]. 国际经济合作, 2014 (7).

[12] 綦建红. 国际投资学教程 [M]. 4 版. 北京: 清华大学出版社, 2011.

[13] 任淮秀. 国际投资学 [M]. 4 版. 北京: 中国人民大学出版社, 2014.

[14] 王凤荣, 邓向荣. 国际投融资理论与实务 [M]. 北京: 首都经济贸易大学出版社, 2010.

[15] 李辉, 姚丹, 郭丽. 国际直接投资与跨国公司 [M]. 4 版. 北京: 电子工业出版社, 2013.

[16] 杜奇华, 白小伟. 跨国公司与跨国经营 [M]. 北京: 电子工业出版社, 2009.

[17] 张素芳. 跨国公司与跨国经营 [M]. 北京: 经济管理出版社, 2009.

[18] 林康. 跨国公司经营与管理 [M]. 北京: 对外经济贸易大学出版社, 2008.

[19] 潘素昆. 跨国公司经营与管理 [M]. 北京: 中国发展出版社, 2009.

[20] 梁秀传, 王虹. 跨国公司管理 [M]. 北京: 清华大学出版社, 2010.

[21] 李尔华, 崔建格. 跨国公司经营与管理 [M]. 北京: 清华大学出版社, 2011.

[22] 朱民. 改变未来的金融危机 [M]. 北京: 中国金融出版社, 2009.

［23］范黎波，安志红．跨国经营理论与实务［M］．北京：北京师范大学出版社，2009．

［24］卢汉林．国际投资学［M］．北京：高等教育出版社，2016．

［25］卢进勇，杜奇华，杨立强．国际投资学［M］．北京：北京大学出版社，2017．

［26］戴志敏，王义中．国际投资学［M］．杭州：浙江大学出版社，2012．

［27］贺强，李俊峰．证券投资学［M］．北京：中国财政经济出版社，2010．

［28］邓慧慧，陈昊．中国外商投资发展报告［M］．北京：对外经济贸易大学出版社，2017．

［29］刘志伟．国际投资学［M］．北京：对外经济贸易大学出版社，2017．

［30］孔淑红．国际投资学［M］．北京：对外经济贸易大学出版社，2015．

［31］张璐，李秀芹．国际投资学——理论·政策·案例［M］．北京：清华大学出版社，北京交通大学出版社，2015．

［32］邓慧慧，陈昊．中国外商投资发展报告［M］．北京：对外经济贸易大学出版社，2017．

［33］国际贸易经济合作研究院．"走出去"全球拓展之路：40年改革开放大潮下的中国对外投资与国际经济技术合作［M］．北京：中国商务出版社，2018．